U0210823

机电工程 管理与实务

全彩版

考霸笔记

全国一级建造师执业资格考试考霸笔记编写委员会　编写

中国建筑工业出版社
中国城市出版社

全国一级建造师执业资格考试考霸笔记

编写委员会

蔡　鹏　炊玉波　高海静　葛新丽　黄　凯　李瑞豪

梁　燕　林丽菡　刘　辉　刘　敏　刘鹏浩　刘　洋

马晓燕　千成龙　孙殿桂　孙艳波　王竹梅　武佳伟

杨晓锋　杨晓雯　张　帆　张旭辉　周　华　周艳君

前　言

从每年一级建造师考试数据分析来看，一级建造师考试考查的知识点和题型呈现综合性、灵活性的特点，考试难度明显加大，然而枯燥的文字难免让考生望而却步。为了能够帮助广大考生更容易理解考试用书中的内容，我们编写了这套"全国一级建造师执业资格考试考霸笔记"系列丛书。

这套丛书由建造师执业资格考试培训老师根据"考试大纲"和"考试教材"对执业人员知识能力要求，以及对历年考试命题规律的总结，通过图表结合的方式精心组织编写。本套丛书是对考试用书核心知识点的浓缩，旨在帮助考生梳理和归纳核心知识点。

本系列丛书共 7 分册，分别是《建设工程经济考霸笔记》《建设工程项目管理考霸笔记》《建设工程法规及相关知识考霸笔记》《建筑工程管理与实务考霸笔记》《机电工程管理与实务考霸笔记》《市政公用工程管理与实务考霸笔记》《公路工程管理与实务考霸笔记》。

本系列丛书包括以下几个显著特色：

考点聚焦　本套丛书运用思维导图、流程图和表格将知识点最大限度地图表化，梳理重要考点，凝聚考试命题的题源和考点，力求切中考试中 90% 以上的知识点；通过大量的实操图对考点进行形象化的阐述，并准确记忆、掌握重要知识点。

重点突出　编写委员会通过研究分析近年考试真题，根据考核频次和分值划分知识点，通过星号标示重要性，考生可以据此分配时间和精力，以达到用较少的时间取得较好的考试成绩的目的。同时，还通过颜色标记提示考生要特别注意的内容，帮助考生抓住重点，突破难点，科学、高效地学习。

贴心提示　本套丛书将不好理解的知识点归纳总结记忆方法、命题形式，提供复习指导建议，帮助考生理解、记忆，让备考省时省力。

[书中红色字体标记表示重点、易考点、高频考点；蓝色字体标记表示次重点]。

此外，为行文简洁明了，在本套丛书中用"[14、21年单选，15年多选，20年案例]"表示"2014、2021年考核过单项选择题，2015年考核过多项选择题，2020年考核过实务操作和案例分析题。"

为了使本书尽早与考生见面，满足广大考生的迫切需求，参与本书策划、编写和出版的各方人员都付出了辛勤的劳动，在此表示感谢。

本书在编写过程中，虽然几经斟酌和校阅，但由于时间仓促，书中不免会出现不当之处和纰漏，恳请广大读者提出宝贵意见，并对我们的疏漏之处进行批评和指正。

目 录

1H410000 机电工程技术

1H411000 机电工程常用材料及工程设备

1H411010 机电工程常用材料

【考点1】常用金属材料的类型及应用（ ☆☆☆☆ ）[18、19年单选，13、22年多选]

1. 黑色金属材料的类型

◆黑色金属又称钢铁材料，包括工业纯铁、铸铁、碳素钢（非合金钢），以及各种用途的合金钢。广义的黑色金属还包括铬、锰及其合金。

 该知识点一般考查选择题，并且在考试中黑色金属材料类型与有色金属材料类型一般互为干扰选项进行考查，如2022年的考试中就是以这样的考核形式进行考查的。

2. 黑色金属材料的应用

黑色金属材料的应用　　　　　　　　　　　　　　　　表1H411010-1

类型	应用
非合金钢类	（1）碳素结构钢：主要用于铁道、桥梁、各类建筑工程，制造承受静载荷的各种金属构件及不重要、不需要热处理的机械零件和一般焊接件。 （2）优质碳素钢：硫、磷及其他非金属夹杂物的含量较低。 （3）碳素工具钢：用于制作刃具、模具和量具。 （4）易切削结构钢：用于制造螺栓、螺母、销钉、轴、管接头等。 （5）工程用铸造碳钢：用于各种铸钢件
合金钢类	（1）工程结构用合金钢：用作工程和建筑结构件。 （2）机械结构用合金钢：适用于制造机器和机械零件的合金钢。 （3）轴承钢：用于制造滚动轴承滚珠、滚柱和轴承套圈的钢种，也可用于制作精密量具、冷冲模、机床丝杠、冲模、量具、丝锥及柴油机油泵的精密配件

 该知识点属于选择题考点，从近几年考核频率看，考查概率较低，考生了解上述内容即可。此外，黑色金属材料的类型还包括低合金钢类、铸铁类，考生要想此处内容不失分，在第一轮复习此处内容时，浏览一遍即可。

3. 有色金属材料的类型

◆狭义的有色金属又称非铁金属,是铁、锰、铬以外的所有金属的统称。广义的有色金属还包括有色合金。

轻金属　　重金属　　贵金属　　稀有金属

| 铝、镁、钾、钠、钙、锶、钡 | 铜、镍、钴、铅、锌、锡、锑、铋、镉、汞 | 金、银及铂族金属 | 稀有轻金属（锂、铷、铯等）、稀有难熔金属（钛、锆、钼、钨等）、稀有分散金属（镓、铟、锗等）、稀土金属（钪、钇、镧系金属）、放射性金属（镭、钫、钋及阿系元素中的铀、钍等） |

 在近几年考试中,该知识点一般考查多选题,重点内容是上述画红色字体内容。

图 1H411010-1　有色金属材料的类型

4. 铝合金的分类及应用

◆分类：按其成分和加工方法又分为变形铝合金和铸造铝合金。
◆应用：可作结构材料使用,在航天、航空、交通运输、建筑、机电、轻化和日用品中有着广泛的应用。

5. 铜合金的分类及应用

（1）分类

◆按合金成分划分,可分为非合金铜和合金铜,我国的合金铜分为黄铜、青铜和白铜。
◆按功能特性划分,有导电导热用铜合金、结构用铜合金、耐蚀铜合金、耐磨铜合金、易切削铜合金、弹性铜合金、阻尼铜合金、艺术铜合金。
◆按材料形成方法划分,可分为铸造铜合金和变形铜合金。

 铜合金的分类属于选择题考点,在近几年考试中考核频次较低,了解即可。

（2）应用

黄铜　　青铜　　白铜

黄铜	青铜	白铜
1.黄铜无缝管可用于热交换器和冷凝器、低温管路、海底运输管。 2.制造板料、条材、棒材、管材、铸造零件等。 3.含铜在62%~68%,塑性强,制造耐压设备等。 4.海军黄铜,用作船舶热工设备和螺旋桨等。 5.黄铜铸件常用来制作阀门和管道配件等	1.锡青铜适合于制造轴承、蜗轮、齿轮等。 2.铅青铜是现代发动机和磨床广泛使用的轴承材料。 3.铝青铜用于铸造高载荷的齿轮、轴套、船用螺旋桨等。 4.铍青铜适于制造精密弹簧和电接触元件,还用来制造煤矿、油库等使用的无火花工具	1.铜镍二元合金称普通白铜,加有锰、铁、锌、铝等元素的白铜合金称复杂白铜。 2.工业用白铜分为结构白铜（用于制造精密机械、眼镜配件、化工机械和船舶构件）和电工白铜（热电性能良好）两大类。 3.锰白铜是制造精密电工仪器、变阻器、精密电阻、应变片、热电偶等的材料

 铜合金的应用一般考查选择题,一般出题形式有：（1）根据某合金材料的应用选择相适应的合金类型。（2）根据某合金材料选择相适应的应用范围。

图 1H411010-2　铜合金的应用

6. 锌的应用

◆镀锌：锌被广泛应用于镀锌工业，主要被用于钢材和钢结构件的表面镀层（如镀锌板），广泛用于汽车、建筑、船舶、轻工等行业。
◆锌合金：广泛应用于汽车制造和机械行业中压铸件及各种零部件的生产。
◆电池：锌可以用来制作电池。

7. 金属基复合材料、金属层状复合材料的类型

金属基复合材料、金属层状复合材料的类型　　　　　　　　　　　　表 1H411010-2

材料名称	类型
金属基复合材料	（1）按用途可分为结构复合材料与功能复合材料。 （2）按增强材料形态可分为纤维增强、颗粒增强和晶须增强金属基复合材料。 （3）按金属基体可分为铝基、钛基、镍基、镁基、耐热金属基等复合材料。 （4）按增强材料可分为玻璃纤维、碳纤维、硼纤维、石棉纤维、金属丝等
金属层状复合材料	包括钛钢、铝钢、铜钢、钛不锈钢、镍不锈钢、不锈钢碳钢等复合材料

直击考点 金属基复合材料、金属层状复合材料的类型一般考查选择题，出题时一般互为干扰选项。

【考点 2】常用非金属材料的类型及应用（☆☆☆）[15、16 年单选，21 年多选]

1. 硅酸盐材料的类型（选择题考点）

 口助诀记　温水淘气

◆包括水泥、保温棉（膨胀珍珠岩类、离心玻璃棉类、超细玻璃棉类、微孔硅酸壳、矿棉类、岩棉类等）、砌筑材料和陶瓷等。

2. 塑料的类型及应用

直击考点 塑料的类型及应用属于选择题考点，热塑性塑料、热固性塑料的类型在考查选择题时，可以互为干扰选项。

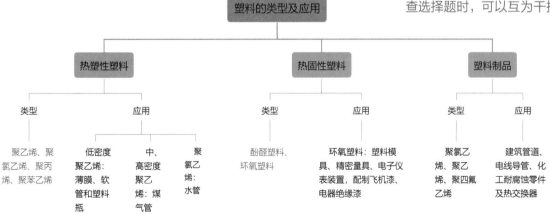

图 1H411010-3　塑料的类型及应用

3. 非金属板材的类型及应用

非金属板材的类型及应用   表 1H411010-3

非金属板材	适用范围	不适用范围
酚醛复合板材	低、中压空调系统及潮湿环境的风管	高压及洁净空调、酸碱性环境和防排烟系统
聚氨酯复合板材	低、中、高压洁净空调系统及潮湿环境的风管	酸碱性环境和防排烟系统
玻璃纤维复合板材	中压以下的空调系统风管	洁净空调、酸碱性环境和防排烟系统以及相对湿度 90% 以上的系统
硬聚氯乙烯板材	洁净室含酸碱的排风系统风管	—

 粉（酚）的低潮中，菠（玻）菜靠中下，聚低中高洁潮，硬洁净抗酸碱

 该知识点一般考查选择题，出题方式主要有：根据某非金属板材选择相适应的适用范围、不适用范围；根据某板材的适用范围、不适用范围去选择相对应的非金属板材类型。

4. 非金属管材的类型及应用

非金属管材的类型及应用   表 1H411010-4

类型		应用
无机非金属管材	混凝土管	用于排水管
	自应力混凝土管	用于输水管
	预应力混凝土管	
	钢筋混凝土管	用于排水管和井管
有机及复合管材	聚乙烯管（PE 管）	（1）无毒，可用于输送生活用水。 （2）常使用的低密度聚乙烯水管，简称塑料自来水管
	聚丙烯管（PP 管）	（1）刚性、强度、硬度和弹性等机械性能均高于聚乙烯，但其耐低温性差、易老化。 （2）常用于流体输送
	硬聚氯乙烯管（PVC-U 管）	（1）用于建筑工程排水。 （2）也可用于化工、纺织等工业废气排污排毒塔、气体液体输送等
	铝塑复合管（PAP 管）	（1）内塑料层采用中密度聚乙烯时可作饮水管，无毒、无味、无污染，符合国家饮用水标准。 （2）内塑料层采用交联聚乙烯则可耐高温、耐高压，适用于供暖及高压用管

直击考点 该知识点出题方式以选择题为主，掌握各类非金属管材的特点和应用范围。

聚乙烯管（PE 管）   聚丙烯管（PP 管）   硬聚氯乙烯管（PVC-U 管）   铝塑复合管（PAP）

图 1H411010-4   有机及复合管材

【考点3】常用电气材料的类型及应用（☆☆☆）[17、20年单选]

 直击考点　本考点一般考查选择题，考生只需掌握下述内容即可。

1．电缆的类型及应用

电缆的类型及应用　　　　　　　　　　　　表 1H411010-5

类型		特点	应用
电力电缆	阻燃电缆	无卤低烟阻燃电缆容易吸收空气中的水分（潮解），潮解的结果是绝缘层的体积电阻系数大幅下降	（1）无卤低烟A（B、C）类阻燃交联聚乙烯绝缘聚乙烯护套铜芯电力电缆：可敷设在对阻燃且无卤低烟有要求的室内、隧道中等。（2）无卤低烟A（B、C）类阻燃辐照交联聚乙烯绝缘聚烯烃护套铜芯电力电缆：可敷设在要求是无卤低烟阻燃，且温度较高的场所等
	耐火电缆	在火焰燃烧情况下能够保持一定时间安全运行的电缆	（1）大多用作应急电源的供电回路。（2）不能当作耐高温电缆使用
	氧化镁电缆	（1）氧化镁绝缘材料是无机物。（2）优点：防火性能特佳；耐高温（电缆允许长期工作温度达250℃）、防爆、载流量大、防水性能好、机械强度高、寿命长、具有良好的接地性能等。（3）缺点：价格贵、工艺复杂、施工难度大	在油灌区、重要木结构公共建筑、高温场所等耐火求高且经济性可以接受的场合，可采用
	分支电缆	订购分支电缆时，应根据建筑电气设计图确定各配电柜位置，提供主电缆的型号、规格及总有效长度；各分支电缆的型号、规格及各段有效长度；各分支接头在主电缆上的位置；安装方式；所需分支电缆吊头、横梁吊挂等附件型号、规格和数量	应用在住宅楼、办公楼、商务楼、教学楼、科研楼等各种中高层建筑中，作为供配电的主、干线电缆使用
	铝合金电缆	（1）铝合金表面与空气接触自然形成的氧化层能耐受多种腐蚀。（2）电缆的结构形式主要有非铠装和铠装的、带 PVC 护套和不带 PVC 护套的	（1）非嵌装铝合金电力电缆可替代 YJV 型电力电缆，适用于室内、隧道、电缆沟等场所的敷设，不能承受机械外力。（2）嵌装铝合金电力电缆可替代 YJV$_{22}$ 型电力电缆，适用于隧道、电缆沟、竖井或埋地敷设，能承受较大的机械外力和拉力
控制电缆		（1）芯线截面通常在 10mm^2 以下，控制电缆的线芯多采用铜导体，其芯线组合有同心式和对绞式。（2）按其绝缘层材质，分为聚氯乙烯、聚乙烯和橡胶	塑料绝缘控制电缆（KVV、KVVP）：主要用于交流 500V、直流 1000V 及以下的控制、信号、保护及测量线路

直击考点 该知识点出题方式以选择题为主，主要考查其特点，应用熟悉一下即可。

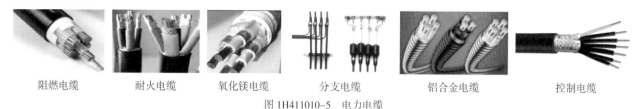

阻燃电缆　　耐火电缆　　氧化镁电缆　　分支电缆　　铝合金电缆　　控制电缆

图 1H411010-5　电力电缆

2．绝缘材料的类型及应用

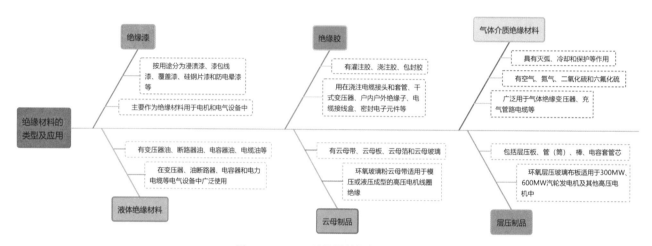

图 1H411010-6　绝缘材料的类型及应用

直击考点 该知识点出题方式以选择题为主。

1H411020 机电工程常用工程设备

【考点1】通用设备的分类和性能（☆☆☆）[21年多选，15年案例]

1．通用机械设备的类别

图 1H411020-1　通用机械设备的类别

直击考点 通用机械设备的类别无需死记硬背，知道哪些设备属于通用机械设备即可。

2. 通用机械设备的分类

通用机械设备的分类　　　　表 1H411020-1

类别	具体分类
泵	按泵的工作原理和结构形式分类：容积式泵、叶轮式泵。 （1）容积式泵：往复泵（活塞泵、柱塞泵和隔膜泵）和回转泵（齿轮泵、螺杆泵和叶片泵）。 （2）叶轮式泵：叶轮式泵分为离心泵、轴流泵、混流泵和旋涡泵等
风机	（1）按气体在旋转叶轮内部流动方向分类，包括离心式风机、轴流式风机、混流式风机。 （2）按排气压强的不同分类，包括通风机、鼓风机、压气机
压缩机	（1）按所压缩的气体不同分类，包括空气压缩机、氧气压缩机、氨压缩机、天然气压缩机。 （2）按照压缩气体方式分类，包括容积式压缩机和动力式压缩机。 容积式压缩机：往复式（活塞式、膜式）压缩机和回转式（滑片式、螺杆式、转子式）压缩机。 动力式压缩机：轴流式压缩机、离心式压缩机和混流式压缩机。 （3）按气缸的排列方法分类，包括串联式压缩机、并列式压缩机、复式压缩机、对称平衡式压缩机
输送设备	按有无牵引件分类，具有挠性牵引件的输送设备（带式输送机、链板输送机、刮板输送机、埋刮板输送机、小车输送机、悬挂输送机、斗式提升机、气力输送设备）、无挠性牵引件的输送设备（螺旋输送机、滚柱输送机、气力输送机）

 该知识点出题方式以选择题为主，掌握上述通用机械设备的具体分类即可。

泵　　　　　　　　　风机　　　　　　　　压缩机　　　　　　　输送设备

图 1H411020-2　通用机械设备

3. 通用机械设备的性能参数

通用机械设备的性能参数　　　　表 1H411020-2

类型	性能参数		
泵	流量、扬程、轴功率、转速、效率和必需汽蚀余量	口助 诀记	小（效）刘（流）必练 速成（程）功
风机	流量、压力、功率、效率、转速、噪声和振动的大小	口助 诀记	小公牛转（风）压， 真燥

类型	性能参数	
压缩机	容积、流量、吸气压力、排气压力、工作效率、输入功率、输出功率、性能系数	小容吸牛排
输送设备	输送能力和线路布置（水平运距、提升高度等）、输送速度和驱动功率、主要工作部件的特征尺寸	

 该知识点出题方式以选择题为主，但在 2015 年考试中考查了案例简答题，如：项目部在验收水泵时，应核对哪些技术参数，该知识点内容考生需记忆。

【考点 2】专用设备的分类和性能（☆☆☆）[18、20 年单选，22 年多选]

 根据历年真题考试频率来看，专用工程设备的分类未进行过考核，因此此处不加以赘述。本考点中主要掌握下述内容，其余内容在时间不充裕的情况下可以不看。

1. 火力发电设备的主要参数

火力发电设备的主要参数　　表 1H411020-3

类型	主要参数
锅炉	主要参数：蒸发量、压力、温度、锅炉受热面蒸发率、锅炉受热面发热率（是反映锅炉工作强度的指标）、锅炉热效率、钢材消耗率、锅炉可靠性（五项考核指标：运行可用率、等效可用率、容量系数、强迫停运率和出力系数）
汽轮机	主要参数：功率、主汽压力、主汽温度、进气量、排气压力、汽耗、转速
火力发电	考核指标：发电量、发电煤耗和供电煤耗、汽轮机热耗和热效率、锅炉效率、供热煤耗、补给水率、主蒸汽压力、主蒸汽温度、汽轮机真空度

该知识点出题方式以选择题为主，上述主要参数可互为干扰选项。

2. 风力发电设备的主要参数及组成

 该知识点出题方式以选择题为主，主要考查其组成。

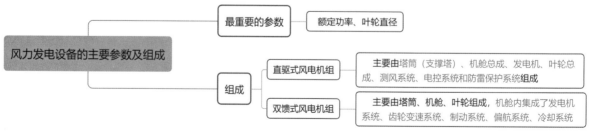

图 1H411020-3　风力发电设备的主要参数及组成

【考点 3】电气设备的分类和性能（☆☆☆）[19 年单选，13 年多选]

1．电动机的性能

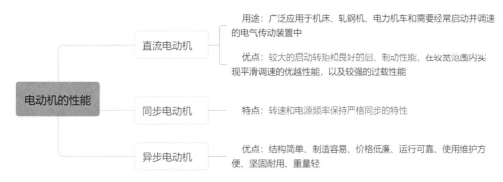

图 1H411020-4　电动机的性能

直流电动机　　　　　　同步电动机　　　　　　异步电动机

图 1H411020-5　电动机类型

2．变压器的分类和性能参数

变压器的分类和性能参数　　　　　　　　　　　表 1H411020-4

项目	内容
分类	（1）按冷却介质分类：油浸式变压器、干式变压器、充气式变压器等。 （2）按冷却方式分类：自冷（含干式、油浸式）变压器、蒸发冷却（氟化物）变压器
性能参数	工作频率、额定功率、额定电压、电压比、效率、空载电流、空载损耗、绝缘电阻

 直击考点　变压器的性能参数考查过选择题，可以出补充类型的案例小问，建议直接记忆，不用深究。

3. 高压电器及成套装置的性能

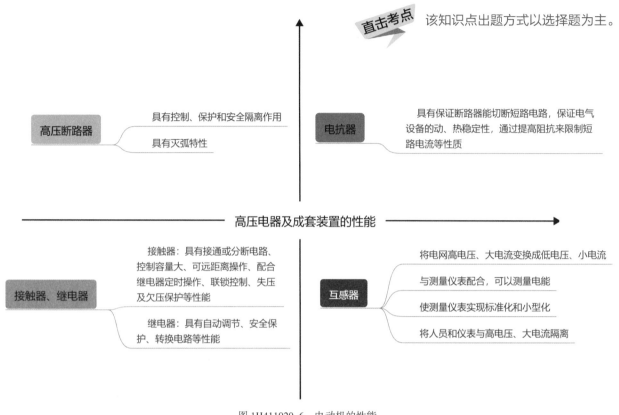

图 1H411020-6　电动机的性能

1H412000 机电工程专业技术

1H412010 工程测量技术

【考点 1】工程测量的方法（☆☆☆☆☆）
　　　　　[13、14、15、17、18、19、20 年单选，21、22 年多选]

1. 机电工程测量的作用和内容

◆作用：安装定位；变形监测：已完工程实体的变形监测，包括沉降观测和倾斜观测。
◆主要内容：（1）机电设备安装放线、基础检查、验收。（2）工序或过程测量。（3）变形观测。
（4）交工验收检测。（5）工程竣工测量。

 该知识点中主要记忆机电工程测量的作用，考查该知识点的可能性较大。

2．机电工程测量的特点

 该知识点出题方式以选择题为主。

◆ 机电工程测量贯穿于整个施工过程。
◆ 通常机电工程的测量精度高于建筑工程。
◆ 工程测量与工程施工工序密切相关。
◆ 机电工程测量受施工环境因素影响大，测量标志极易被损坏。

3．机电工程测量的原则和要求

◆ 工程测量应遵循"由整体到局部，先控制后细部"的原则。
◆ 工程测量的要求：保证测设精度，满足设计要求，减少误差累积；检核是测量工作的灵魂。

4．机电工程高程测量

机电工程高程测量　　　　　　　　　　　　　　　　　　　表 1H412010-1

基本原理	内容
水准测量	（1）测量方法：高差法和仪高法。 （2）测量仪器：水准仪和标尺
三角高程测量	（1）特点：观测方法简单，受地形条件限制小，是测定大地控制点高程的基本方法。 （2）测量精度的影响因素：距离误差、垂直角误差、大气垂直折光误差、仪器高和视标高的误差。 （3）测量仪器：经纬仪、全站仪和（激光）测距仪
气压高程测量	（1）特点：气压高程测量比水准测量和三角高程测量的精度都低，主要用于低精度的高程测量。 （2）测量仪器：空盒气压计和水银气压计

 该知识点出题方式以选择题为主，考核点为上述标注字体颜色内容。

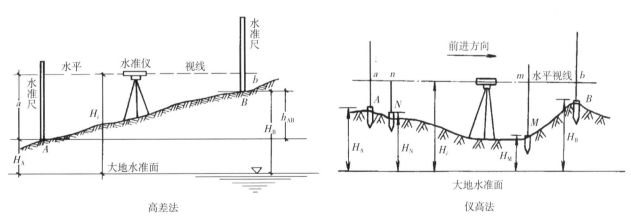

高差法　　　　　　　　　　　　　仪高法

图 1H412010-1　水准测量测量方法

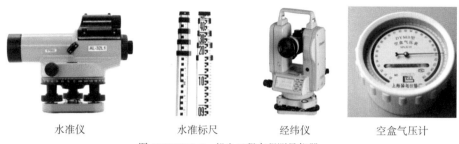

| 水准仪 | 水准标尺 | 经纬仪 | 空盒气压计 |

图 1H412010-2　机电工程高程测量仪器

5．机电工程基准线测量

图 1H412010-3　机电工程基准线测量

6．机电工程测量的程序（注意排序）

◆基本程序：确认永久基准点、线→设置基础纵横中心线→设置基础标高基准点→设置沉降观测点→安装过程测量控制→实测记录等。

口诀助记　确认基础设两点，安装控制需记录

7．连续生产设备安装的测量

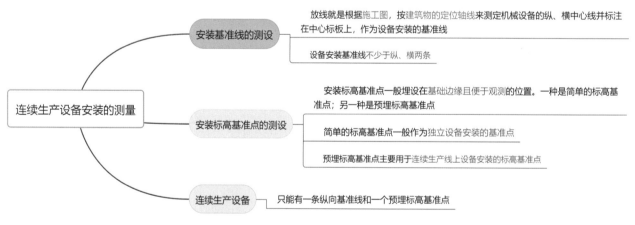

图 1H412010-4　连续生产设备安装的测量

 直击考点　该知识点出题方式以选择题为主，根据近几年考试情形看，重点考查安装标高基准点的测设，还需熟悉安装基准线的测设。

8．管线工程的测量

管线工程的测量　　　　　表 1H412010-2

项目	内容
测量方法	（1）定位的依据：定位时可根据地面上已有建筑物进行管线定位，也可根据控制点进行管线定位。 （2）管道的主点：管线的起点、终点及转折点
管线高程控制的测量方法	水准点一般都选在旧建筑物墙角、台阶和基岩等处。如无适当的地物，应提前埋设临时标桩作为水准点
地下管线工程测量	必须在回填前，要测量出管线的起止点、窨井的坐标和管顶标高，再根据测量资料编绘竣工平面图和纵断面图

 该知识点出题方式以选择题为主，根据近几年考试情形看，重点考查测量方法，还需熟悉地下管线工程测量。

9．长距离输电线路钢塔架（铁塔）基础施工的测量

◆长距离输电线路定位并经检查后，可根据起止点和转折点及沿途障碍物的实际情况，测设钢塔架基础中心桩。
◆中心桩测定后，一般采用十字线法或平行基线法进行控制，控制桩应根据中心桩测定。
◆钢尺量距的丈量长度：20 ~ 80m。
◆一段架空送电线路，其测量视距长度，不宜超过 400m。
◆在大跨越档距之间，通常采用电磁波测距法或解析法测量。

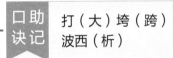

口诀助记　打（大）垮（跨）波西（析）

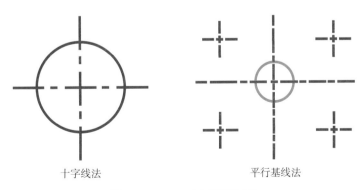

十字线法　　　　　平行基线法

图 1H412010-5　中心桩测定方法

【考点2】工程测量的要求（☆☆☆）

水准测量法的主要技术要求：

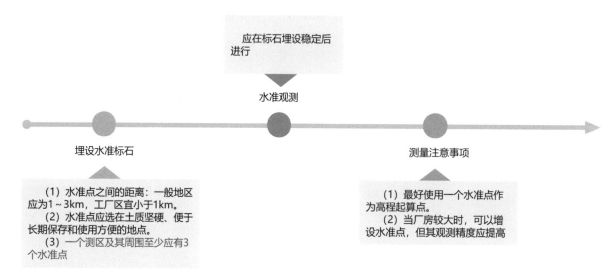

图 1H412010-6　水准测量法的主要技术要求

【考点3】工程测量仪器的应用（☆☆☆）[16年单选，19、20年案例]

1．水准仪的功能和应用

◆主要功能：用来测量标高和高程。
◆应用范围：
（1）用于建筑工程测量控制网标高基准点的测设及厂房、大型设备基础沉降观察的测量。
（2）在设备安装工程项目施工中用于连续生产线设备测量控制网标高基准点的测设及安装过程中对设备安装标高的控制测量。

 该知识点主要考查案例题，要求根据案例背景描述的情形去选择测量仪器，如：
（1）2019年案例五第2小问：测试安装标高基准线一般采用哪种测量仪器？
（2）2020年案例三第3小问：料仓出料口端平面标高基准点的测量应分别使用哪种测量仪器？

2．经纬仪的功能和应用

经纬仪的功能和应用　　　　　　　　　　　　表 1H412010-3

项目	内容
主要功能	测量水平角和竖直角
应用	（1）主要应用于机电工程建（构）筑物建立平面控制网的测量以及厂房（车间）立柱安装垂直度的控制测量。 （2）在机电安装工程中，用于测量纵、横中心线，建立安装测量控制网并在安装全过程进行测量控制

3．全站仪的应用

◆ 水平角测量
◆ 距离（斜距、平距、高差）测量
◆ 坐标测量
◆ 水平距离测量：主要应用于建筑工程平面控制网水平距离的测量及测设、安装控制网的测设、建安过程中水平距离的测量等

4．其他测量仪器

其他测量仪器   表 1H412010-4

名称	应用范围
电磁波测距仪	（1）应用电磁波运载测距信号测量两点间距离的仪器。 （2）已广泛用于控制、地形和施工放样等测量中，成倍地提高了外业工作效率和测量精度
激光准直仪 激光指向仪	主要应用于大直径、长距离、回转型设备同心度的找正测量以及高塔体、高塔架安装过程中同心度的测量控制
激光垂准仪	用于高层建筑、烟囱、电梯等施工过程中平面控制点的竖向引测和垂直度的测量
激光经纬仪	用于施工及设备安装中的定线、定位和测设已知角度
激光水准仪	准直导向
激光平面仪	适用于提升施工的滑模平台、网形屋架的水平控制和大面积混凝土楼板支模、灌注及抄平工作

 直击考点 主要掌握仪器的种类及应用，一般考查选择题，直接记忆即可。

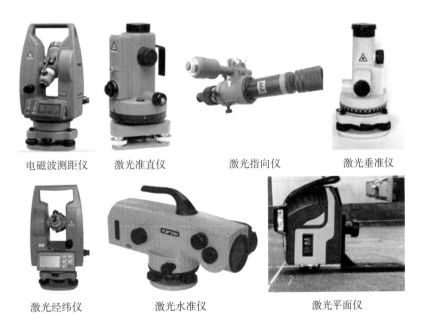

电磁波测距仪　　　激光准直仪　　　　激光指向仪　　　　激光垂准仪

激光经纬仪　　　　　激光水准仪　　　　　　激光平面仪

图 1H412010-7　其他测量仪器

1H412020 起重技术

【考点1】起重机械分类与选用要求（☆☆☆☆）[13、21、22年多选，13、17年案例]

1. 起重机选用的基本参数（重点：选择＋案例）

口助诀记 大大基（计）调额

| 起重机选用的基本参数 | | 表 1H412020-1 |

基本参数	内容
吊装载荷（1）+（2）	（1）被吊物（设备或构件）的重量。 （2）吊、索具重量（流动式起重机一般还应包括吊钩重量和从臂架头部垂下至吊钩的起升钢丝绳重量）
计算载荷	动载荷系数：起重机在吊装重物的运动过程中所产生的对起吊机具负载的影响而计入的系数。在起重吊装工程计算中，以动载荷系数计入其影响。一般取动载荷系数 $k_1=1.1$ 不均衡载荷系数：在两台及其以上（多台起重机、多套滑轮组等）共同抬吊一个重物时，工作不同步的现象。一般取不均衡载荷系数 $k_2=1.1 \sim 1.25$ 吊装计算载荷： 多机吊装的吊装计算荷载公式： $$Q_j=k_1 \times k_2 \times Q$$ 式中：Q_j——计算载荷； Q——分配到一台起重机的吊装载荷，包括设备及索吊具重量。 **直击考点**（1）吊装计算荷载如果出计算题，可以根据公式 $Q_j=k_1 \times k_2 \times Q$ 正反出题，即求 Q_j 或 Q；还应注意 Q 包含设备及索吊具重量。 （2）k_2 只有在两台及其以上多机共同抬吊时才考虑，单机起吊不考虑 k_2 的影响。
额定起重量	额定起升量应大于计算载荷。采用双机抬吊时，宜选用同类型或性能相近的起重机，负载分配应合理，通常单机载荷不得超过额定起重量的80%
最大幅度	起重机的最大吊装回转半径（额定起重量条件下的吊装回转半径）

最大起升高度	最大起升高度应满足下式要求：
	$$H>h_1+h_2+h_3+h_4$$
	式中：H——起重机吊臂顶端滑轮的起升高度（m）；
	    h_1——设备高度（m）；
	    h_2——索具高度（包括钢丝绳、平衡梁、卸扣等的高度）（m）；
	    h_3——设备吊装到位后底部高出地脚螺栓高的高度（m）；
	    h_4——基础和地脚螺栓高度（m）

直击考点 要准确区分上述参数的概念，重点掌握吊装载荷、额定起重量的概念。

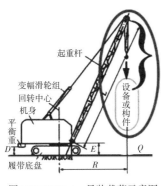 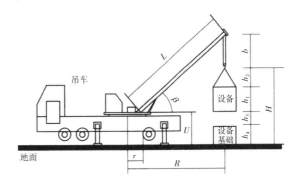

图 1H412020-1　吊装载荷示意图　　　　图 1H412020-2　起重机起吊高度简图

2. 流动式起重机的特性曲线

◆反映流动式起重机的起重能力随臂长、幅度的变化而变化的规律和反映流动式起重机的最大起升高度随臂长、幅度的变化而变化的规律的曲线称为起重机的特性曲线。
◆起重机特性曲线已被量化成表格形式，称为特性曲线表。起重机特性曲线表，反映了起重机在各种工况下的作业范围（或起升高度–工作范围）图和载荷（起重能力）表等。

3. 流动式起重机的选用步骤

图 1H412020-3　流动式起重机的选用步骤

（1）可单独抽出任意一条出选择题，也可出案例分析题，写出正确的选用步骤。
（2）该知识点中 1 ~ 4 条的顺序步骤要给予足够的重视。

4. 流动式起重机的基础处理要求

◆流动式起重机必须在水平坚硬地面上进行吊装作业。
◆吊车的工作位置（包括吊装站位置和行走路线）的地基应进行处理（一般施工场地的土质地面可采用开挖回填夯实的方法进行处理）。
◆处理后的地面应做耐压力测试。
◆吊装前必须进行基础验收，并做好记录。　**直击考点** 地基处理既可以考查选择题也可以考查案例分析题。

【考点2】吊具种类与选用要求（☆☆☆☆☆）
[16、18年单选，17、20年多选，20、22年案例]

1. 钢丝绳

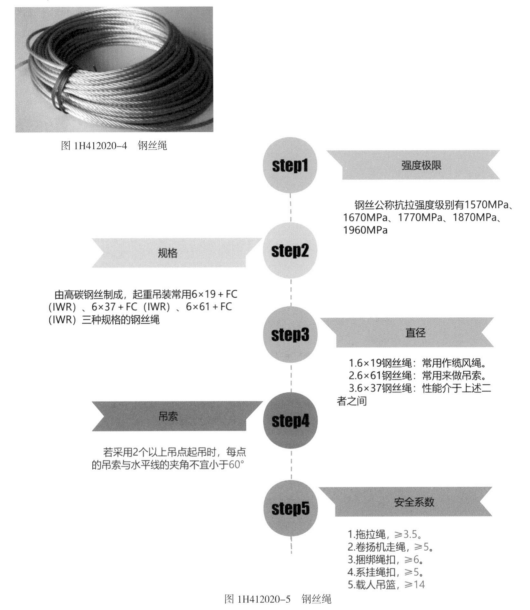

图 1H412020-4　钢丝绳

step1 强度极限

钢丝公称抗拉强度级别有1570MPa、1670MPa、1770MPa、1870MPa、1960MPa

规格 **step2**

由高碳钢丝制成，起重吊装常用6×19＋FC（IWR）、6×37＋FC（IWR）、6×61＋FC（IWR）三种规格的钢丝绳

step3 直径

1.6×19钢丝绳：常用作缆风绳。
2.6×61钢丝绳：常用来做吊索。
3.6×37钢丝绳：性能介于上述二者之间

吊索 **step4**

若采用2个以上吊点起吊时，每点的吊索与水平线的夹角不宜小于60°

step5 安全系数

1.拖拉绳，≥3.5。
2.卷扬机走绳，≥5。
3.捆绑绳扣，≥6。
4.系挂绳扣，≥5。
5.载人吊篮，≥14

图 1H412020-5　钢丝绳

　（1）该部分知识点以考查选择题为主，但在2020年考查了一道案例简答题：卷扬机走绳、桅杆缆风绳和起重机捆绑绳的安全系数分别应不小于多少？
（2）该部分知识点主要是准确记忆安全系数，安全系数可以根据钢丝绳用途去选择正确的安全系数，也可以根据钢丝绳的安全系数去选择相应用途。

2．卷扬机

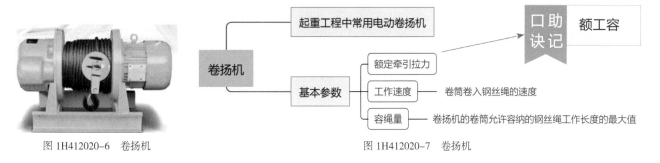

图 1H412020-6　卷扬机　　　　　　　　　　　　图 1H412020-7　卷扬机

 直击考点　卷扬机的基本参数可出单选题或多选题，建议以记忆为主。

3．平衡梁

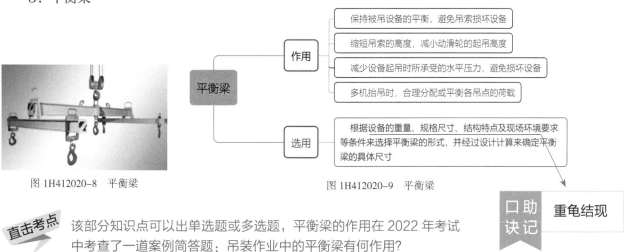

图 1H412020-8　平衡梁　　　　　　　　　　　　图 1H412020-9　平衡梁

直击考点　该部分知识点可以出单选题或多选题，平衡梁的作用在 2022 年考试中考查了一道案例简答题：吊装作业中的平衡梁有何作用？

【考点 3】吊装方法与吊装方案（☆☆☆☆）[14、15、19 年多选，18、20 年案例]

1．采用起重机械的常用吊装方法

起重机械的常用吊装方法　　　　　　　　　　　　　表 1H412020-2

方法	特点	应用
1.塔式起重机吊装	3 ~ 100t，臂长为 40 ~ 80m	使用地点固定、使用周期较长的场合，较经济
2.桥式起重机吊装	3 ~ 1000t，跨度为 3 ~ 150m	多为厂房、车间内使用，可单机或双机
3.汽车起重机吊装	液压伸缩臂：8 ~ 1200t，臂长为 27 ~ 120m；有钢管结构臂：70 ~ 350t，臂长为 27 ~ 145m	机动灵活，使用方便。可单机、双机吊装，也可多机吊装
4.履带起重机吊装	30 ~ 4000t，臂长为 39 ~ 190m	中、小重物可吊重行走，机动灵活，使用方便，使用周期长，较经济。可单机、双机吊装，也可多机吊装

方法	特点	应用
5. 直升机吊装	26t，用在其他吊装机械无法完成的地方	山区、高空
6. 桅杆系统吊装	—	由桅杆、缆风系统、提升系统、拖排滚杠系统、牵引溜尾系统等组成；有单桅杆和双桅杆滑移提升法、扳转（单转、双转）法、无锚点推举法等吊装工艺 **直击考点** 此处内容在 2020 年考试中考查了一道案例简答题：直立单桅杆吊装系统由哪几部分组成？
7. 缆索系统吊装	—	用在其他吊装方法不便或不经济的场合，重量不大，跨度、高度较大的场合。如桥梁建造、电视塔顶设备吊装
8. 液压提升	—	（1）上拔式（提升式）：多适用于屋盖、网架、钢天桥（廊）等投影面积大、重量重、提升高度相对较低场合构件的整体提升。 （2）爬升式（爬杆式）：多适用于如电视塔钢桅杆天线等提升高度高、投影面积一般、重量相对较轻场合的直立构件
9. 利用构筑物吊装	—	利用构筑物吊装法作业时应做到： （1）编制专门吊装方案，应对承载的结构在受力条件下的强度和稳定性进行校核。 （2）选择的受力点和方案应征得设计人员的同意。 （3）对于通过锚固点或直接捆绑的承载部位，还应对局部采取补强措施；如采用大块钢板、枕木等进行局部补强，采用角钢或木方对梁或柱角进行保护。 （4）施工时，应设专人对受力点的结构进行监视 **直击考点** 此处内容在 2018 年考查了一道案例分析判断、改正题：设备运输方案被监理和建设单位否定的原因何在？如何改正？
10. 坡道法提升	—	通过搭设坡道，利用卷扬机、滑轮组等吊具将设备牵引并提升到基础上就位

 直击考点 该部分知识点考查选择题 + 案例分析题，直接记忆。

塔式起重机吊装

桥式起重机吊装

汽车起重机吊装

履带起重机吊装

图 1H412020-10　起重机械的常用吊装方法（一）

直升机吊装

桅杆系统吊装

缆索系统吊装

液压提升

图 1H412020-10　起重机械的常用吊装方法（二）

2．吊装方案选择

口助诀记　**吉安进程**

◆ 技术可行性论证。
◆ 安全性分析。
◆ 进度分析。
◆ 成本分析。
◆ 根据具体情况做综合选择。

直击考点　该知识点在过去的考试中考查过案例简答题（如：简述吊装方案的选用步骤），主要以记忆背诵为主，达到默写程度。

3．吊装方案的主要内容

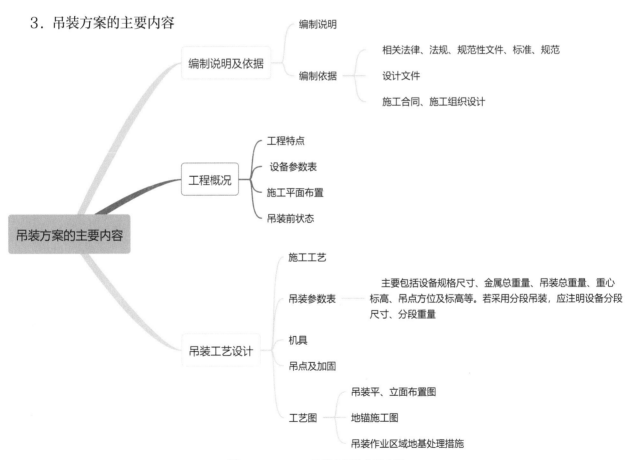

图 1H412020-11　吊装方案的主要内容

直击考点　该知识点一般考查多选题＋案例分析题，考生记住上述内容即可。

【考点 4 】吊装稳定性要求（☆☆☆）[14、19 年案例]

 根据近几年考试频率，涉及起重吊装稳定性的作用及内容、桅杆的稳定性，考试中几乎没有涉及，这两个知识点考生在复习时间不充裕的情况下，可以不看。重点备考本起重吊装作业失稳的原因及预防措施的内容。

起重吊装作业失稳的原因及预防措施：

起重吊装作业失稳的原因及预防措施

表 1H412020-3

名称	原因	预防措施
起重机械失稳	（1）超载。 （2）支腿不稳定。 （3）机械故障。 （4）起重臂杆仰角超限。 口诀助记 窄（载）腿必故障	（1）严禁超载。 （2）打好支腿并用道木和钢板垫实和加固，确保支腿稳定。 （3）严格机械检查。 （4）起重臂杆仰角最大不超过 78°，最小不低于 45°
吊装系统的失稳	（1）多机吊装的不同步。 （2）不同起重能力的多机吊装荷载分配不均。 （3）多动作、多岗位指挥协调失误，桅杆系统缆风绳、地锚失稳。 口诀助记 不同不均不协调，桅杆缆风和地锚	（1）多机吊装时尽量采用同机型、吊装能力相同或相近的吊车，并通过主副指挥来实现多机吊装的同步。 （2）集群千斤顶或卷扬机通过计算机控制来实现多吊点的同步。 （3）制定周密指挥和操作程序并进行演练，达到指挥协调一致。 （4）缆风绳和地锚严格按吊装方案和工艺计算设置，设置完成后进行检查并做好记录
吊装设备或构件的失稳	（1）设计与吊装时受力不一致。 （2）设备或构件的刚度偏小。 口诀助记 吊设不致刚度小	（1）对于细长、大面积设备或构件采用多吊点吊装。 （2）薄壁设备进行加固加强。 （3）对型钢结构、网架结构的薄弱部位或杆件进行加固或加大截面，提高刚度

 该部分内容知识点一般考查案例分析题，如：

（1）2014 年的案例考试真题：根据背景，指出压缩机吊装可能出现哪些方面的吊装作业失稳。

（2）2019 年的案例考试真题：A 公司编制的起重机安装专项施工方案中，吊索钢丝绳断脱和汽车起重机侧翻的控制措施有哪些？

1H412030 焊接技术

【考点1】焊接材料与焊接设备选用要求（☆☆☆）[22年多选，13年案例]

1. 焊条选用

焊条选用　　　　　　　　　　　　　　　表 1H412030-1

项目	内容
非合金钢和低合金钢	选用熔敷金属抗拉强度等于或稍高于母材的焊条
焊接结构刚性大、接头应力高、焊缝易产生裂纹的不利情况下	选用比母材强度低的焊条
母材中碳、硫、磷等元素的含量偏高	选用抗裂性能好的低氢型焊条
承受动载荷和冲击载荷的焊件	选用塑、韧性指标较高的低氢型焊条
接触腐蚀介质的焊件	选用不锈钢类焊条或其他耐腐蚀焊条
高温、低温、耐磨或其他特殊条件下工作的焊件	选用相应的耐热钢、低温钢、堆焊或其他特殊用途焊条
结构形状复杂、刚性大的厚大焊件	选用抗裂性好、韧性好、塑性高、氢裂纹倾向低的焊条
焊件的焊接部位不能翻转	选用适用于全位置焊接的焊条
受力不大、焊接部位难以清理的焊件	选用对铁锈、氧化皮、油污不敏感的酸性焊条
狭小或通风条件差的场合	选用酸性焊条或低尘焊条
酸性焊条和碱性焊条都可满足要求	尽量选用酸性焊条
焊接工作量大的结构	应尽量选用高效率焊条

 直击考点　既可以考查选择题又可以考查案例分析题，尤其要注意什么样的情况下使用什么样的焊条。

2. 焊丝选用

◆实心焊丝主要用于钨极气体保护焊和熔化极气体保护焊。

◆药芯焊丝用于采用 CO_2 和 $Ar + CO_2$ 为保护气体的熔化极气体保护焊，前者用于普通结构，后者用于重要结构。

◆自保护药芯焊丝与焊条相似，不用另加气体保护焊，抗风能力优于气体保护焊，通常可在四级风力下施焊，适用于野外或高空作业。

3．常用焊接设备应用范围

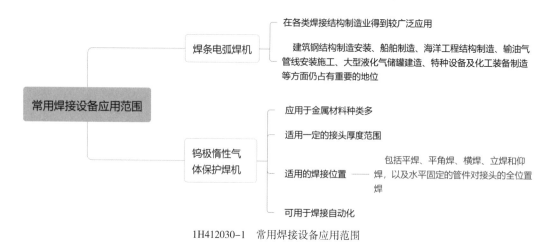

1H412030-1　常用焊接设备应用范围

【考点 2】焊接方法与焊接工艺评定（☆☆☆☆）
[16 年单选，17、20 年多选，18 年案例]

1．常用焊接方法及特点

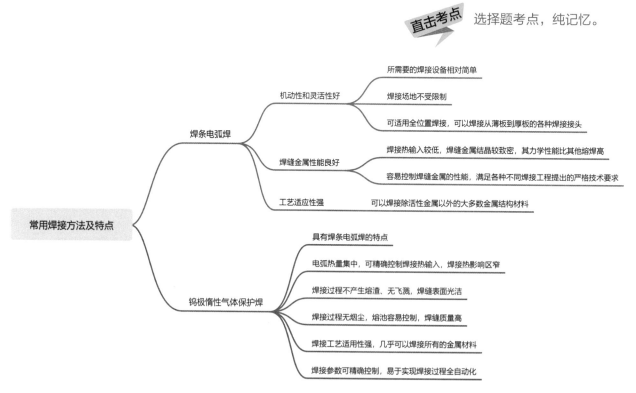

1H412030-2　常用焊接方法及特点

2. 焊接工艺评定

焊接工艺评定　　　　　　　　　　　　　　　　　　　　　　　　　表 1H412030-2

项目	内容
焊接工艺评定概念	焊接工艺评定是为验证所拟定的焊接工艺正确性而进行的试验过程及结果评价。对拟定的焊接工艺进行评价的报告称为焊接工艺评定报告
焊接工艺评定作用	（1）依据焊接工艺评定报告编制焊接作业指导书，用于指导焊工施焊和焊后热处理工作。 （2）一个焊接工艺评定报告可用于编制多个焊接作业指导书；一个焊接作业指导书可以依据一个或多个焊接工艺评定报告编制
焊接工艺评定要求	（1）施工单位自行组织完成焊接工艺评定工作，任何施焊单位不允许将焊接工艺评定的关键工作委托另一个单位来完成。 （2）焊评试件应由本单位技能熟练的焊工施焊。 （3）焊评试件检验项目包括：外观检查、无损检测、力学性能试验和弯曲试验

口诀助记　无力弯管

直击考点　该部分知识点可以出判断正误选择题，需要理解记忆。

3. 焊接作业指导书编制要求

◆ 焊接作业指导书必须由企业自行编制，不得沿用其他企业的焊接作业指导书，也不得委托其他单位编制用以指导本单位焊接施工。
◆ 编制焊接作业指导书应以焊接工艺评定报告为依据。
◆ 当某个焊接工艺评定因素的变化超出标准规定的评定范围时，需要重新编制焊接作业指导书，并应有相对应的焊接工艺评定报告作为支撑性文件。

直击考点　选择题考点，纯记忆。

【考点3】焊接应力与焊接变形（☆☆☆☆）[18年单选，15、21年多选，17年案例]

1. 降低焊接应力的措施

降低焊接应力的措施　　　　　　　　　　　　　　　　　　　　　表 1H412030-3

类别		具体措施
设计措施	减少焊接量	减少焊缝的数量和尺寸
	改变焊缝分布	避免焊缝过于集中
	优化接头形式	优化设计结构，如将容器的接管口设计成翻边式，少用承插式

类别		具体措施
工艺措施	采用较小的焊接线能量	较小的焊接线能量的输入能有效地减小焊缝热塑变的范围和温度梯度的幅度
	合理安排装配焊接顺序	在大型储罐底板的焊接中，先进行短焊缝的焊接，所有短焊缝焊接完后再焊接长焊缝
	层间进行锤击	焊后用小锤轻敲焊缝及其邻近区域
	预热拉伸补偿焊缝收缩（机械拉伸或加热拉伸）	对于那些阻碍焊接区自由伸缩的部位，采用预热或机械方式，使之与焊接区同时拉伸（膨胀）和同时压缩（收缩），就能减小焊接应力
	焊接高强钢时，选用塑性较好的焊条	—
	预热	焊前对构件进行预热，能减小温差和减慢冷却速度
	消氢处理	采用低氢焊条以降低焊缝中的含氢量，焊后及时进行消氢处理，都能有效降低焊缝中的氢含量，减小氢致集中应力
	焊后热处理	—
	振动法	—

 直击考点 该知识点出题方式以选择题为主，偶尔考查案例分析判断改错题，在理解的基础上记忆。

2．预防焊接变形的措施

 直击考点 本部分一般考查选择题，区别关键词，准确记忆。

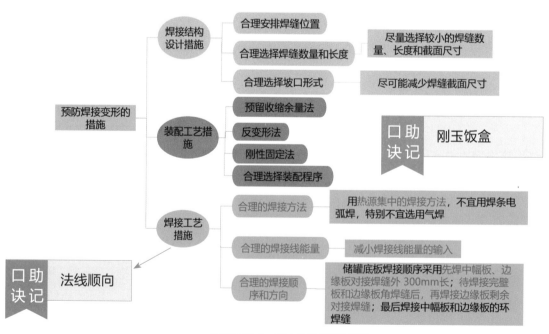

1H412030-3 预防焊接变形的措施

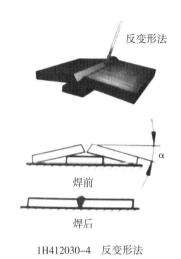

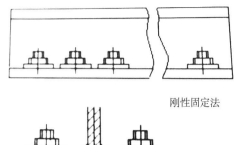

刚性固定法

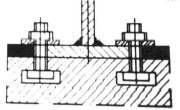

焊前

焊后

1H412030-4　反变形法　　　　　　　　1H412030-5　刚性固定法

【考点4】焊接质量检验方法（☆☆☆）[19年多选，18年案例]

1. 施焊过程检验

直击考点 根据近几年考试频率来看，本考点内容考核频次较低，不做重点内容备考。

施焊过程检验　　　　　　　　　　　　　　　　　表 1H412030-4

过程检验	内容
定位焊缝	应清除定位焊缝渣皮后进行定位焊缝表面质量检查
焊接线能量	与焊接线能量有直接关系的因素包括：焊接电流、电弧电压和焊接速度
多层（道）焊	每层（道）焊完后，应立即对层（道）间进行清理，并进行外观检查
后热	对规定进行后热的焊缝，应检查加热范围、后热温度和后热时间，并形成记录

2. 焊缝检验

焊缝检验　　　　　　　　　　　　　　　　　　表 1H412030-5

焊缝检验	内容
外观检验	焊缝表面不允许存在的缺陷包括：裂纹、未焊透、未熔合、表面气孔、外露夹渣、未焊满
	几何尺寸包括：同一端面最大内直径与最小内直径之差、椭圆度、矩形容器截面上最大边长与最小边长之差、焊接接头棱角度（环向和轴向）等
焊缝表面无损检测	（1）设计文件无规定时，焊缝表面无损检测可选用 MT 或 PT 方法。 （2）除设计文件另有规定外，现场焊接的管道和管道组成件的承插焊焊缝、支管连接焊缝（对接式支管连接焊缝除外）和补强圈焊缝、密封焊缝、支吊架与管道直接焊接的焊缝，以及管道上的其他角焊缝，其表面应进行 MT 或 PT
焊缝内部无损检测	（1）立式圆筒形钢制焊接储罐壁钢板最低标准屈服强度大于 390MPa 时，焊接完毕后至少经过 24h 后再进行无损检测。 （2）对有延迟裂纹倾向的材料，应当至少在焊接完成 24h 后进行无损检测，但是，该材料制造的球罐，应当在焊接结束至少 36h 后进行无损检测

1H413000 工业机电工程安装技术

1H413010 机械设备安装技术

【考点1】设备基础种类及验收要求（☆☆☆☆）[13、15、21年单选，14年案例]

1. 设备基础的种类及应用

设备基础的种类及应用　　　　表 1H413010-1

分类依据	具体类别
材料组成不同	（1）素混凝土基础：适用于承受荷载较小、变形不大的设备基础。 （2）钢筋混凝土基础：适用于承受荷载较大、变形较大的设备基础。 （3）垫层基础：适用于使用后允许产生沉降的结构，如大型储罐
埋置深度不同	（1）浅基础： ①扩展基础：将上部荷载进行扩散并传递到地基上的基础。 ②联合基础：适用于底面积受到限制、地基承载力较低、对允许振动线位移控制较严格的大型动力设备基础，如轧机、铸造生产线、玻璃生产线。 ③独立基础：无筋或有筋的整体基础。 （2）深基础： ①桩基础：适用于需要减少基础振幅、减弱基础振动或控制基础沉降和沉降速率的精密、大型设备的基础，如透平压缩机、汽轮发电机组、锻压设备。 ②沉井基础：井筒式基础（混凝土、钢筋混凝土）　口助诀记　装深沉
结构形式不同	（1）大块式基础：钢筋混凝土为主要材料、刚度很大的块体，广泛应用于设备基础。 （2）箱式基础。 （3）框架式基础：顶层梁板、立柱和底层梁板结构组成的基础，适用于作为电机、压缩机等设备的基础　口助诀记　大相框
使用功能不同	（1）减振基础。 （2）绝热层基础：适用于有特殊保温要求的设备基础

 直击考点　该部分知识点一般考查选择题，直接记忆，不用深究。

素混凝土基础　　　　钢筋混凝土基础　　　　大块式基础

箱式基础　　　　框架式基础

1H413010-1　设备基础的种类

2. 设备基础混凝土强度的验收要求（选择题＋案例题）  选择题考点，纯记忆。

◆基础施工单位应提供设备基础质量合格证明文件，主要检查验收其混凝土配合比、混凝土养护及混凝土强度是否符合设计要求。

◆重要的设备基础应做预压强度试验，预压合格并有预压沉降详细记录，如大型锻压设备、汽轮发电机组、大型油罐。

3. 设备基础位置和尺寸的主要检查项目 一般考查案例简答题，如 2014 年考查的案例简答题：地脚螺栓孔应检查验收哪些内容？

◆包括：基础的坐标位置；不同平面的标高；平面外形尺寸；凸台上平面外形尺寸；凹槽尺寸；平面的水平度；基础的垂直度；预埋地脚螺栓的标高和中心距；预埋地脚螺栓孔的中心线位置、深度和孔壁垂直度；预埋活动地脚螺栓锚板的标高、中心线位置、带槽锚板和带螺纹孔锚板的平整度等。

4. 预埋地脚螺栓检查验收

◆螺母和垫圈配套；地脚螺栓光杆部分和基础板刷防锈漆。

◆胀锚地脚螺栓的基础混凝土强度不得小于 10MPa、裂缝部位不得使用。

【考点2】机械设备安装程序（☆☆☆☆☆）
［22 年单选，20 年多选，15、16、18、21 年案例］

1. 机械设备安装的一般程序

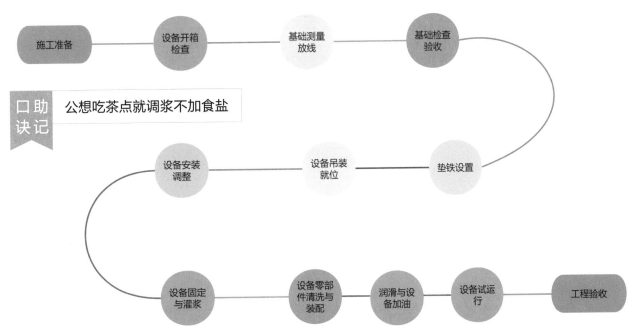

图 1H413010-2　机械设备安装的一般程序

（1）此部分可以考查排序题的选择题，也可以考查案例题，即提供设备，考查该设备的安装工序，记住一个原则：准备→开箱→基础检查验收→垫铁设置→本体安装→附件安装→试运行→工程验收。

（2）下面看一下该知识点考查过的案例题目形式：

① 2015 年考试中的案例真题问题：三联供机组在吊装就位后，试运行前有哪些安装工序要做？

② 2021 年二级建造师考试中的案例真题问题：依据解体设备安装一般程序，压缩机固定后在试运行前有哪些工序？

2．设备开箱检查

◆机械设备开箱时，应由建设单位、监理单位、施工单位共同参加，按下列项目进行检查和记录：箱号、箱数以及包装情况；设备名称、规格和型号，重要零部件须按标准进行检查验收；随机技术文件（如使用说明书、合格证明书和装箱清单等）及专用工具；有无缺损件，表面有无损坏和锈蚀；其他需要记录的事项。

 此处在过去的考试中考查过设备开箱参加的验收人员。2009 年考试中的案例题目是这么问的：冷水机组到达施工现场开箱验收还应有哪些人员参加？

3．基础测量放线

◆设定基准线和基准点，通常应遵循下列原则：安装检测使用方便；有利于保持而不被毁损；刻划清晰容易辨识。

◆机械设备就位前，按工艺布置图并依据测量控制网或相关建筑物轴线、边缘线、标高线，划定安装的基准线和基准点。

◆需要长期保留的基准线和基准点，则应设置永久中心标板和永久基准点，最好采用铜材或不锈钢材制作。

 此处在过去的考试中一般考查选择题，记住上述标注颜色字体内容即可。

4．设备基础垫铁布置示意图

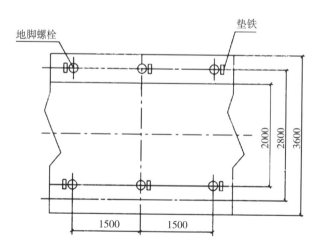

图 1H413010-3　设备基础垫铁布置示意图

（1）上图中，存在的问题及改正：相邻垫铁间的距离，不符合要求；改正：相邻两组垫铁间的距离，宜为 500 ~ 1000mm；垫铁未露出设备底座外缘，不符合要求；改正：垫铁端面应露出设备底面外缘，平垫铁宜露出 10 ~ 30mm；斜垫铁宜露出 10 ~ 50mm。

（2）关于垫铁安装这个知识点，一般考查案例分析识图改错题，给出一个垫铁安装示意图，要求判断安装示意图中存在的问题，并改正。

（3）对于垫铁安装要求，还需掌握法规：《机械设备安装工程施工及验收通用规范》GB 50231—2009。

5. 设备吊装就位

◆特殊作业场所、大型或超大型设备的吊装运输应编制专项施工方案。方案拟利用建筑结构作为起吊、搬运设备承力点时，应对建筑结构的承载能力进行核算，并经设计单位或建设单位同意方可利用。

此处考查过案例分析题，直接记忆。

6. 设备安装精度调整与检测

◆设备自身和相互位置状态，如：设备的中心位置、水平度、垂直度、平行度等。
◆相对位置误差，如垂直度、平行度、同轴度等。

此处考查过选择题，直接记忆即可。

7. 设备灌浆

◆一次灌浆是设备粗找正后，对地脚螺栓预留孔进行的灌浆。
◆二次灌浆是设备精找正、地脚螺栓紧固、检测项目合格后对设备底座和基础间进行的灌浆。

简单了解下一次灌浆与二次灌浆的含义即可，不做过多解释。

8. 润滑与设备加油

◆润滑与设备加油是保证机械设备正常运转的必要条件，通过润滑剂减少摩擦副的摩擦、表面破坏和降低温度，使设备具有良好工作性能，延长使用寿命。
◆按润滑剂加注方式，一般划分为分散润滑和集中润滑。

在 2020 年、2022 年均以选择题的形式考查了机械设备润滑的主要作用。

【考点3】机械设备安装方法(☆☆☆☆)[17、18年单选，16、19年多选，21年案例]

1．机械设备安装的分类

 选择题考点，直接记忆。

◆机械设备安装一般分为整体安装、解体安装和模块化安装。
（1）整体安装：关键在于设备的定位位置精度和各设备间相互位置精度的保证。
（2）解体式安装：不仅要保证设备的定位位置精度和各设备间相互位置精度，还必须再现制造、装配的精度，达到制造厂的标准，保证其安装精度要求。
（3）模块化安装：要求保证组装的精度、安装精度，达到制造厂的标准。

2．机械设备典型零部件的安装

机械设备典型零部件的安装 表 1H413010-2

项目	内容
典型零部件安装	包括：螺纹连接件装配、过盈配合件装配、齿轮装配、联轴器装配、轴承装配等
螺纹连接件装配	有预紧力要求的螺纹连接常用紧固方法：定力矩法、测量伸长法、液压拉伸法、加热伸长法 口诀助记 一定三审
过盈配合件装配	过盈配合件的装配方法，一般采用压入装配、低温冷装配和加热装配法，而在安装现场，主要采用加热装配法 直击考点 此处在 2021 年的考试中考查了案例简答题：联轴器采用了哪种过盈装配方法？
齿轮装配	（1）齿轮装配时，齿轮基准面端面与轴肩或定位套端面应靠紧贴合，且用 0.05mm 塞尺检查不应塞入。 （2）用压铅法检查齿轮啮合间隙时，铅丝直径不宜超过间隙的 3 倍，铅丝的长度不应小于 5 个齿距，沿齿宽方向应均匀放置至少 2 根铅丝。 （3）用着色法检查传动齿轮啮合的接触斑点，应符合下列要求： ①应将颜色涂在小齿轮上，在轻微制动下，用小齿轮驱动大齿轮，使大齿轮转动 3 ~ 4 转。 ②圆柱齿轮和蜗轮的接触斑点，应趋于齿侧面中部；圆锥齿轮的接触斑点，应趋于齿侧面的中部并接近小端；齿顶和齿端棱边不应有接触
联轴器装配	联轴器装配时，两轴心径向位移、两轴线倾斜和端面间隙的测量方法，应符合下列要求： （1）将两个半联轴器暂时互相连接，应在圆周上画出对准线或装设专用工具，其测量工具可采用塞尺直接测量、塞尺和专用工具测量或百分表和专用工具测量。 （2）将两个半联轴器一起转动，应每转 90° 测量一次，并记录 5 个位置的径向位移测量值和位于同一直径两端测点的轴向测量值。 （3）两轴心径向位移、两轴线倾斜计算值应符合规定。 （4）测量联轴器端面间隙时，应将两轴的轴向相对施加适当的推力，消除轴向窜动的间隙后，再测量其端面间隙值

续表

项目	内容
滑动轴承装配	（1）对于厚壁轴瓦，在未拧紧螺栓时，用 0.05mm 塞尺从外侧检查上下轴瓦接合面，任何部位塞入深度应不大于接合面宽度的 1/3；对于薄壁轴瓦，在装配后，在中分面处用 0.02mm 塞尺检查，不应塞入。薄壁轴瓦的接触面不宜研刮。 （2）轴颈与轴瓦的侧间隙可用塞尺检查，单侧间隙应为顶间隙的 1/2 ~ 1/3。轴颈与轴瓦的顶间隙可用压铅法检查，铅丝直径不宜大于顶间隙的 3 倍
滚动轴承装配	（1）装配方法有压装法和温差法两种。采用压装法装配时，压入力应通过专用工具或在固定圈上垫以软金属棒、金属套传递，不得通过轴承的滚动体和保持架传递压入力；采用温差法装配时，应均匀地改变轴承的温度，轴承的加热温度不应高于 120℃，冷却温度不应低于 −80℃。 （2）轴承外圈与轴承座孔在对称于中心线 120° 范围内、与轴承盖孔在对称于中心线 90° 范围内应均匀接触，且用 0.03mm 的塞尺检查时，塞尺不得塞入轴承外圈宽度的 1/3。 （3）轴承装配后应转动灵活。采用润滑脂的轴承，应在轴承 1/2 空腔内加注规定的润滑脂；采用稀油润滑的轴承，不应加注润滑脂

 此处内容属于高频考点内容，考查过选择题＋案例分析题，考生要将上述内容在理解的基础上记忆。

3. 机械设备固定方式

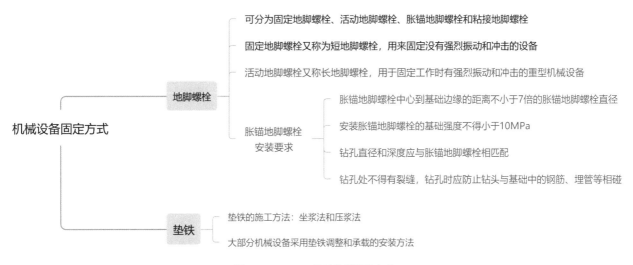

图 1H413010-4　机械设备固定方式

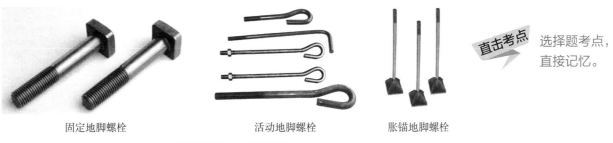

固定地脚螺栓　　　　活动地脚螺栓　　　　胀锚地脚螺栓

直击考点　选择题考点，直接记忆。

图 1H413010-5　地脚螺栓

【考点 4】机械设备安装精度控制要求（☆☆☆☆☆）
［14 年单选，13、14、15 年多选，13、22 年案例］

1. 影响设备安装精度的因素

影响设备安装精度的因素　　　　　　　　　　　　表 1H413010-3

影响设备安装精度的因素	内容
设备基础	对安装精度的影响主要是强度、沉降和抗振性能
垫铁埋设	对安装精度的影响主要是承载面积和接触情况
设备灌浆	对安装精度的影响主要是强度和密实度
地脚螺栓	对安装精度的影响主要是紧固力和垂直度
设备制造	对安装精度的影响主要是加工精度和装配精度。 （1）解体设备的装配精度将直接影响设备的运行质量，包括各运动部件之间的相对运动精度、配合面之间的配合精度和接触质量。（此处可以考查案例简答题，如：压缩机的装配精度包括哪些方面？） ①现场组装大型设备各运动部件之间的相对运动精度包括直线运动精度、圆周运动精度、传动精度等。 ②配合精度是指配合表面之间达到规定的配合间隙或过盈的接近程度。 ③接触质量是指配合表面之间的接触面积的大小和分布情况。 （2）设备基准件的安装精度包括标高差、水平度、铅垂度、直线度、平行度等　　口诀助记　兼职水平高
测量误差	（1）对安装精度的影响主要是仪器精度和基准精度。　口诀助记　直面圆圆 （2）测量过程包括测量对象、计量单位、测量方法和测量精度四个要素。 （3）形状误差有直线度、平面度、圆度、圆柱度等。 （4）位置误差有平行度、垂直度、倾斜度、同轴度、对称度等。　口诀助记　平直协同对 （5）设备检测基准的选择：在加工面或轴线上检测
环境因素	对安装精度的影响主要是基础温度变形、设备温度变形和恶劣环境场所。 设备基础温度变形：大型精密机床、高精度的大型连轧机组、大型透平压缩机需严格控制环境温度来保证安装精度

 直击考点
（1）该部分内容考查过选择题＋案例题，考生需在理解的基础上记忆。
（2）2013 年考查过的案例问题：影响导轨安装精度的因素有几个？

2．设备安装精度的控制方法

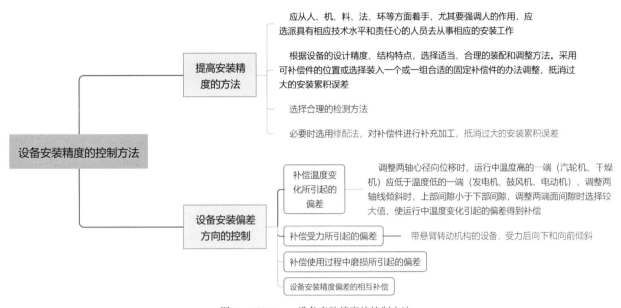

图 1H413010-6 设备安装精度的控制方法

1H413020 电气工程安装技术

【考点1】配电装置安装与调试技术（☆☆☆☆）
　　　　　　［18、21年单选，16年多选，22年案例］

1．配电装置的现场检查

◆配电装置到达现场后，应及时进行检查。检查的内容应按照供货合同、技术标准、设计要求和制造厂的有关规定进行。

◆包装及密封应良好。

◆设备和部件的型号、规格、柜体几何尺寸应符合设计要求。

◆柜内电器及元部件、绝缘瓷瓶齐全，无损伤和裂纹等缺陷。

◆接地线应符合有关技术要求。

◆技术文件应齐全。

◆备件的供应范围和数量应符合合同要求。

◆所有的电器设备和元件均应有合格证。

◆配电装置内母线应按国标要求标明相序色，并且相序排列一致。

◆关键部件应有产品制造许可证的复印件，其证号应清晰。

◆柜内设备的布置应安全合理，保证开关柜检修方便。配电装置具有机械、电气防误操作的联锁装置。

2．配电装置柜体的安装要求

◆基础型钢的接地应不少于两处，且连接牢固、导通良好。
◆装有电器的柜门应以截面积≥4mm²裸铜软线与金属柜体可靠连接。
◆将柜体按编号顺序分别安装在基础型钢上，再找平找正。柜体安装垂直度允许偏差不应大于1.5‰，相互间接缝不应大于2mm，成列盘面偏差不应大于5mm。
◆柜体安装完毕后，每台柜体均应单独与基础型钢做接地保护连接。
◆安装完毕后，还应全面复测一次，并做好柜体的安装记录。

（1）此部分内容考查过选择题＋案例分析识图改错题，尤其是上述标注红色字体内容，为出题点。
（2）上部分内容在2022年的考试中考查了一道案例简答题：柜体垂直度偏差及盘面偏差是多少？

3．低压配电柜安装示意图

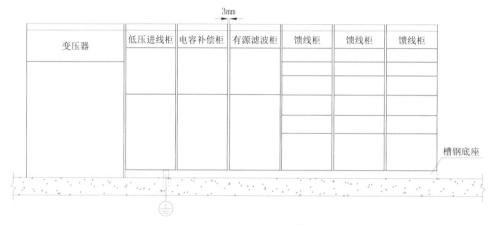

图1H413020-1 部分配电柜安装示意图

上图是一个案例分析识图改错题，不符合规范的地方及整改：柜体的相互间接缝3mm不符合规范要求，其间隙应≤2mm；基础型钢仅有1处接地不符合规范要求，基础型钢的接地应不少于两处。

4．配电装置的主要整定内容

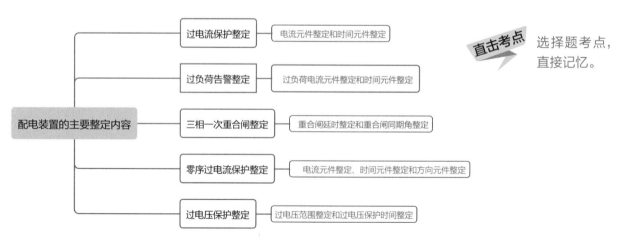

图1H413020-2 配电装置的主要整定内容

5．配电装置送电运行验收

◆由供电部门检查合格后将电源送进室内，经过验电、校相无误。

◆合高压进线开关，检查高压电压是否正常；合变压器柜开关，检查变压器是否有电，合低压柜进线开关，查看低压电压是否正常。分别合其他柜的开关。

◆空载运行 24h，无异常现象，办理验收手续，交建设单位使用。同时提交施工图纸、施工记录、产品合格证说明书、试验报告单等技术资料。

口诀助记　土蛋书记

【考点2】电动机安装与调试技术（☆☆☆☆☆）
[15、22 年单选，15、19 年多选，14、17、19、20、21 年案例]

1．变压器开箱检查、二次搬运

变压器开箱检查、二次搬运　　　　　表 1H413020-1

项目	内容
开箱检查	（1）按设备清单、施工图纸及设备技术文件核对变压器规格型号应与设计相符，附件与备件齐全无损坏。 （2）绝缘瓷件及铸件无损伤、缺陷及裂纹。 （3）充氮气或充干燥空气运输的变压器，应有压力监视和补充装置，在运输过程中应保持正压，气体压力应为 0.01 ~ 0.03MPa
变压器二次搬运（选择题考点）	（1）二次搬运可采用滚杠滚动及卷扬机拖运的运输方式。 （2）吊装时，索具必须检查合格，钢丝绳必须挂在油箱的吊钩上，变压器顶盖上部的吊环仅作吊芯检查用，严禁用此吊环吊装整台变压器。 （3）搬运时，应将高低压绝缘瓷瓶罩住进行保护，使其不受损伤。 （4）搬运过程中，不应有严重冲击或振动情况，利用机械牵引时，牵引的着力点应在变压器重心以下，运输倾斜角不得超过 15°，以防止倾斜使内部结构变形。 （5）用千斤顶顶升大型变压器时，应将千斤顶放置在油箱千斤顶支架部位，升降操作应协调，各点受力均匀，并及时垫好垫块

直击考点　对于上表中的开箱检查，在 2012 年的考试中考查了案例简答题：充气运输的变压器在途中应采取的特定措施有哪些？

2. 变压器就位、接线

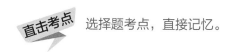

变压器就位、接线　　　　　　　　　　　　　　　　　表 1H413020-2

项目	内容
变压器就位 （选择题考点）	（1）就位可用吊车直接吊装就位。 （2）就位时，应注意其方位和距墙尺寸应与设计要求相符，图纸无标注时，纵向按轨道定位，并使屋内预留吊环的垂线位于变压器中心。 （3）变压器基础的轨道应水平，轨距与轮距应配合，装有气体继电器的变压器顶盖，沿气体继电器的气流方向有 1.0% ~ 1.5% 的升高坡度。 （4）装有滚轮的变压器，滚轮应转动灵活，在变压器就位后，应将滚轮用能拆卸的制动装置加以固定
变压器接线	（1）变压器的低压侧中性点必须直接与接地装置引出的接地干线连接，变压器箱体、支架或外壳应接地（PE），且有标识。 （2）变压器中性点的接地回路中，靠近变压器处，宜做一个可拆卸的连接点

3. 变压器的交接试验、送电试运行

变压器的交接试验、送电试运行　　　　　　　　　　　表 1H413020-3

项目	内容
变压器的交接试验 （案例题考点）	（1）绝缘油试验或 SF_6 气体试验。 （2）测量绕组连同套管的直流电阻。 （3）检查所有分接的电压比。 （4）检查变压器的三相连接组别：可以采用直流感应法或交流电压法分别检测变压器三相绕组的极性和连接组别。 （5）测量铁芯及夹件的绝缘电阻：采用 2500V 兆欧表测量，持续时间应为 1min，应无闪络及击穿现象。 （6）测量绕组连同套管的绝缘电阻、吸收比：用 2500V 摇表测量各相高压绕组对外壳的绝缘电阻值，用 500V 摇表测量低压各相绕组对外壳的绝缘电阻值。 （7）绕组连同套管的交流耐压试验：电力变压器新装注油以后，大容量变压器必须经过静置 12h 才能进行耐压试验。对 10kV 以下小容量的变压器，一般静置 5h 以上才能进行耐压试验。变压器交流耐压试验不但对绕组，对其他高低耐压元件都可进行。进行耐压试验前，必须将试验元件用摇表检查绝缘状况。 （8）额定电压下的冲击合闸试验：在额定电压下对变压器的冲击合闸试验，应进行 5 次，每次间隔时间宜为 5min，应无异常现象，其中 750kV 变压器在额定电压下，第一次冲击合闸后的带电运行时间不应少于 30min，其后每次合闸后带电运行时间可逐次缩短，但不应少于 5min。冲击合闸宜在变压器高压侧进行，对中性点接地的电力系统试验时变压器中性点应接地。 （9）检查相位
送电试运行	（1）变压器第一次投入时，可全压冲击合闸，冲击合闸宜由高压侧投入。 （2）变压器应进行 5 次空载全压冲击合闸，应无异常情况；第一次受电后，持续时间不应少于 10min；全压冲击合闸时，励磁涌流不应引起保护装置的误动作。 （3）变压器试运行要注意冲击电流、空载电流、一、二次电压、温度，并做好试运行记录。 （4）变压器空载运行 24h，无异常情况，方可投入负荷运行

（1）该部分知识点属于高频考点，考查了选择题＋案例题，考生要熟悉上表的内容。

（2）对于上表中的变压器的交接试验，属于案例题考点，下面列举历年来考试中考查过的案例题型：

①变压器的交接试验第 6 项试验：在 2020 年考试中考了案例简答题：变压器高、低压绕组的绝缘电阻测量应分别用多少伏的兆欧表？

②变压器的交接试验第 7 项试验：在 2011 年考试中考查了案例简答题：变压器线圈可采用哪种加热方法干燥？干燥后必须检查哪项内容合格后才能做耐压试验？

③变压器的交接试验第 8 项试验：在 2020 年考试中考查了案例简答题：写出正确的冲击合闸试验要求。

④对于上表中变压器交接试验的内容，在 2012 年考试中考查了案例简答题：补充主变压器安装试验的内容；2017 年的考试中考查了案例简答题：按照电气设备交接试验标准的规定，220kV 变压器的电气试验项目还有哪些？

（3）对于送电试运行，在 2014 年考试中考查了案例简答题：变压器空载试运行应达到多少个小时？试运行中还应记录哪些技术参数？

4．电动机的干燥

◆ 干燥方法：外部加热干燥法；电流加热干燥法。

◆ 电动机干燥时注意事项：烘干温度缓慢上升，一般每小时的温升控制在 5 ~ 8℃；干燥中要严格控制温度，一般铁芯和绕组的最高温度应控制在 70 ~ 80℃；干燥时不允许用水银温度计测量温度，应用酒精温度计、电阻温度计或温差热电偶。定时测定并记录绕组的绝缘电阻、绕组温度、干燥电源的电压和电流、环境温度；当电动机绝缘电阻达到规范要求，在同一温度下经 5h 稳定不变后认定干燥完毕。

此处考查过选择题＋案例分析判断题，只需记住上述标注颜色字体内容即可。

5．电动机接线示意图

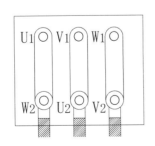

图 1H413020-3　电动机接线示意图

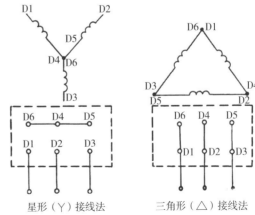

星形（Y）接线法　　三角形（△）接线法

1H413020-4　电动机接线方式示意图

（1）上图是一道案例分析识图题，要求判断上图中的电动机为何种接线方式，上图中的电动机接线方式为三角形（△）接线法。

（2）电动机接线方式有两种：可接成星形（Y）或三角形（△）两种形式，典型接线形式如图 1H413020-4 所示。

6. 电动机试运行

试运行前的检查	试运行中的检查
（1）应用 500V 兆欧表测量电动机绕组的绝缘电阻。对于 380V 的异步电动机应不低于 0.5MΩ	（1）电动机的旋转方向应符合要求，无杂声
（2）检查电动机安装是否牢固，地脚螺栓是否全部拧紧	（2）换向器、滑环及电刷的工作情况正常
（3）电动机的保护接地线必须连接可靠，接地线（铜芯）的截面不小于 $4mm^2$，有防松弹簧垫圈	（3）检查电动机温度，不应有过热现象
（4）检查电动机与传动机械的联轴器是否安装良好	（4）振动（双振幅值）不应大于标准规定值
（5）检查电动机电源开关、启动设备、控制装置是否合适，熔丝选择是否合格，热继电器调整是否适当，短路脱扣器和热脱扣器整定是否正确	（5）滑动轴承温升和滚动轴承温升不应超过规定值
（6）通电检查电动机的转向是否正确。不正确时，在电源侧或电动机接线盒侧任意对调两根电源线即可	（6）电动机第一次启动一般在空载情况下进行，空载运行时间为 2h，并记录电动机空载电流
（7）对于绕线型电动机还应检查滑环和电刷	

（1）对于电动机试运行的检查，考查过选择题＋案例题，应理解、记忆，注意分清试运行前与试运行中所需检查项目的不同。

（2）对于电动机试运行前的检查，在 2019 年考试中考查了案例简答题：电动机试运行前，对电动机安装和保护接地的检查项目还有哪些？

（3）对于电动机试运行中的检查，在 2021 年考试中考查了案例补充题：电动机试运行中还应检查哪些项目？

【考点 3】输配电线路施工技术（☆☆☆☆）[13、16 年多选，16、20 年案例]

1. 架空线路施工程序

◆线路测量→基础施工→杆塔组立→放线架线→导线连接→线路试验→竣工验收检查。

> 口助诀记　吃几组饭，路导演

此处需注意排序，可能会考查紧前紧后工序，直接记忆即可。

2．电杆及附件安装示意图

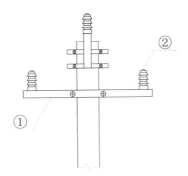

1H413020-5　电杆及附件安装示意图

 此处是一道案例识图题：说明上图中①、②部件的名称，有什么作用。上图中：①为横担，作用是：装在电杆上端，用来固定绝缘子架设导线的，有时也用来固定开关设备或避雷器等。②为绝缘子，作用是：用来支持固定导线，使导线对地绝缘，并且承受导线的垂直荷重和水平拉力。

3．导线连接要求

口助诀记　**公河铁，要通电**

- ◆每根导线在每一个档距内只准有一个接头，但在跨越公路、河流、铁路、重要建筑物、电力线和通信线等处，导线和避雷线均不得有接头。
- ◆不同材料、不同截面或不同捻回方向的导线连接，只能在杆上跳线内连接。
- ◆接头处的机械强度不低于导线自身强度的95%。电阻不超过同长度导线电阻的1.2倍。
- ◆耐张杆、分支杆等处的跳线连接，可以采用T形线架和并沟线夹连接。
- ◆架空线的压接方法，可分为钳压连接、液压连接和爆压连接。

 （1）此处内容考查了选择题＋案例题，上述内容需理解记忆。

（2）对于导线连接要求，在历年考试中考查的案例题型小结如下：

①案例分析识图判断题，如2016年考试中的一道案例真题：说明架空导线（图1H413020-6）在测试时被叫停的原因。

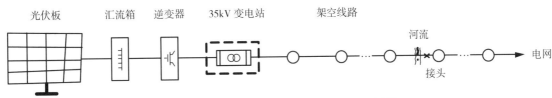

图 1H413020-6　光伏发电、变电和输电工程示意图

注：上图中，在河流上方出现了导线接头，不符合导线连接的要求。

②案例简答题：如2016年考试中的一道案例真题：写出导线连接的合格要求。

③案例分析判断改错题：就是背景材料中描述一部分导线连接要求，让考生判断错误之处，并改正。

4．架空线路试验

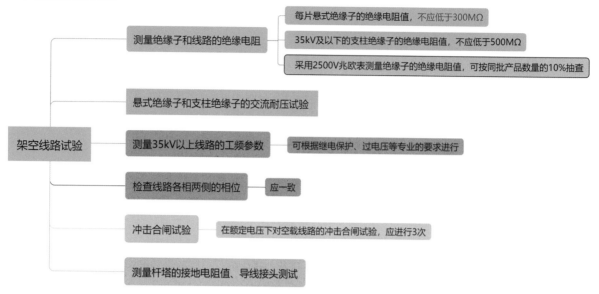

架空线路试验

测量绝缘子和线路的绝缘电阻
- 每片悬式绝缘子的绝缘电阻值，不应低于300MΩ
- 35kV及以下的支柱绝缘子的绝缘电阻值，不应低于500MΩ
- 采用2500V兆欧表测量绝缘子的绝缘电阻值，可按同批产品数量的10%抽查

悬式绝缘子和支柱绝缘子的交流耐压试验

测量35kV以上线路的工频参数 —— 可根据继电保护、过电压等专业的要求进行

检查线路各相两侧的相位 —— 应一致

冲击合闸试验 —— 在额定电压下对空载线路的冲击合闸试验，应进行3次

测量杆塔的接地电阻值、导线接头测试

图 1H413020-7　架空线路试验

（1）此处内容一般考查案例分析题，上述内容需熟悉。

（2）对于架空线路试验，此处在 2016 年的考试中考查了一道案例简答题：C 公司在 9 月 20 日前应完成 35kV 架空线路的哪些测试内容？

5．室外电缆线路敷设的要求

室外电缆线路敷设的要求　　　　　　　　　　　　　　表 1H413020-5

项目	内容
直埋电缆敷设要求	（1）直埋电缆的埋深应不小于 0.7m，穿越农田时应不小于 1m。 （2）直埋电缆一般使用铠装电缆。在铠装电缆的金属外皮两端要可靠接地，接地电阻不得大于 10Ω。 （3）电缆敷设后，上面要铺 100mm 厚的软土或细沙，再盖上混凝土保护板，覆盖宽度应超过电缆两侧以外各 50mm，或用砖代替混凝土保护板。 （4）电缆中间接头盒外面要有铸铁或混凝土保护盒。接头下面应垫以混凝土基础板，长度要伸出接头保护盒两端 600 ~ 700mm。 （5）电缆互相交叉，与非热力管和管道交叉，穿越公路时，都要穿在保护管中，保护管长度超出交叉点 1m，交叉净距不应小于 250mm，保护管内径不应小于电缆外径的 1.5 倍。 （6）严禁将电缆平行敷设于管道的上方或下方。
电缆排管敷设要求	（1）电缆排管可用钢管、塑料管、陶瓷管、石棉水泥管或混凝土管，但管内必须光滑。 （2）孔径一般应不小于电缆外径的 1.5 倍，敷设电力电缆的排管孔径应不小于 100mm，控制电缆孔径应不小于 75mm。 （3）埋入地下排管顶部至地面的距离，人行道上应不小于 500mm，一般地区应不小于 700mm。 （4）在直线距离超过 100m、排管转弯和分支处都要设置排管电缆井；排管通向井坑应有不小于 0.1% 的坡度，以便管内的水流入井坑内。 （5）敷设在排管内的电缆，应采用铠装电缆

此处内容一般考查选择题，上述内容需熟悉。

6. 电缆敷设前的检查

◆ 充油电缆的油压不宜低于 0.15MPa，所有接头应无渗漏油，油样应试验合格。

◆ 电缆放线架应放置稳妥，钢轴的强度和长度应与电缆盘重量和宽度相匹配。

◆ 敷设前应按设计和实际路径计算每根电缆的长度，合理安排每盘电缆，减少电缆接头。

◆ 电缆封端应严密，并根据要求做绝缘试验。6kV 以上的电缆，应做交流耐压和直流泄漏试验；1kV 以下的电缆用兆欧表测试绝缘电阻，并做好记录。

 此处内容在 2020 年考试中考查了案例简答题：10kV 电力电缆应做哪些试验？

7. 电缆线路绝缘电阻测量和耐压试验

电缆线路绝缘电阻测量和耐压试验　　　　　　　　　　表 1H413020-6

项目	内容
绝缘电阻的测量	（1）1kV 及以上的电缆可用 2500V 的兆欧表测量其绝缘电阻。 （2）电缆线路绝缘电阻测量前，用导线将电缆对地短路放电。当接地线路较长或绝缘性能良好时，放电时间不得少于 1min。 （3）测量完毕或需要再测量时，应将电缆再次接地放电
耐压试验	（1）耐压试验用直流电压进行试验。 （2）在进行直流耐压试验的同时，用接在高压侧的微安表测量泄漏电流。三相泄漏电流最大不对称系数一般不大于 2

【考点 4】防雷与接地装置的安装要求（ ☆☆☆☆ ）[13、14 年单选，14、20 年多选]

1. 输电线路的防雷措施（选择题考点）

◆ 架设接闪线。

◆ 增加绝缘子串的片数加强绝缘。

◆ 降低杆塔的接地电阻。

◆ 装设管型接闪器或放电间隙。

◆ 装设自动重合闸。

◆ 采用消弧圈接地方式。

◆ 不同电压等级输电线路的接闪线设置：500kV 及以上送电线路，应全线装设双接闪线；220 ~ 330kV 线路，应全线装设双接闪线，杆塔上接闪线对导线的保护角为 20° ~ 30°；110kV 线路沿全线装设接闪线，在雷电特别强烈地区采用双接闪线。在少雷区或雷电活动轻微的地区，可不沿线架设接闪线，但杆塔仍应随基础接地。

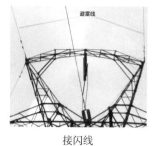
接闪线

绝缘子串

自动重合闸

图 1H413020-8 输电线路的防雷措施

2．接闪器安装要求

◆氧化锌接闪器的接地线应用截面积不小于 16mm^2 的软铜线。
◆管型接闪器与被保护设备的连接线长度不得大于 4m，安装时应避免各接闪器排出的电离气体相交而造成的短路。

3．接闪器的试验

直击考点 选择题考点，直接记忆。

◆测量接闪器的绝缘电阻。
◆测量接闪器的泄漏电流、磁吹接闪器的交流电导电流、金属氧化物接闪器的持续电流。
◆测量金属氧化物接闪器的工频参考电压或直流参考电压，测量 FS 型阀式接闪器的工频放电电压。

4．接地极的安装要求

接地极的安装要求 表 1H413020-7

项目	内容
金属接地极的安装	（1）金属接地极采用镀锌角钢、镀锌钢管、铜棒或铜排等金属材料。 （2）接地线沟的中心线与建筑物的基础或构筑物的基础距离不小于 2m，独立避雷针的接地装置与重复接地之间距离不小于 3m
接地模块的安装	接地模块顶面埋深不应小于 0.6m。接地模块间距不应小于模块长度的 3～5 倍 地面 ≥0.6m　≥模块长度的 3～5 倍　≥0.6m 非金属接地极 图 1H413020-9 接地模块的安装

1H413030 管道工程施工技术

【考点1】管道分类与施工程序（☆☆☆）[13年单选，16年多选]

1. 工业金属管道安装要求

◆ 与管道安装有关的土建工程、钢结构工程经检查合格，满足安装要求并办理了交接手续。临时供水、供电、供气等设施已满足安装施工要求。

◆ 与管道连接的设备已找正合格、固定完毕，标高、中心线、管口方位符合设计要求。

◆ 管道元件的产品合格证、质量证明文件原件和具有产品检验资格的检测单位出具并签字盖章的材料复检、试验报告；管材及焊接材料质量证明文件等。管道组成件及管道支承件等已检验合格。

◆ 用于管道施工的主要材料、辅助材料已经全部落实并满足施工进度计划要求。

◆ 在管道安装前完成有关工序。管道脱脂、内部防腐与衬里等已施工完毕，管口已按照规范要求进行有效防护。

◆ 用于管道施工的机械、工器具等经全面检查安全可靠，计量器具经检定合格并在有效期内。

◆ 无损检测和焊后热处理的管道，在管道轴测图上准确标明焊接工艺信息。

 直击考点 选择题考点，直接记忆。

2. 工业管道安装的施工程序

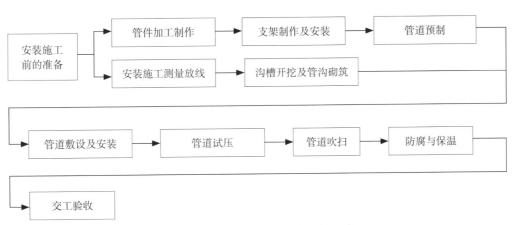

图 1H413030-1　工业管道安装的施工程序

口助诀记 备件只（支）管妇（敷）联（连），表压问（温）世交

 直击考点 管道安装的施工程序要注意考查排序类型的选择题。

【考点 2】管道施工技术要求（☆☆☆☆☆）

[18、20、21、22 年单选，20 年多选，16、17 年案例]

1. 工业金属管道安装前的检验

工业金属管道安装前的检验

表 1H413030-1

项目	内容
管道元件及材料检验	（1）管道元件及材料应有取得制造许可的制造厂的产品质量证明文件。 （2）当对管道元件或材料的性能数据或检验结果有异议时，在异议未解决之前，该批管道元件或材料不得使用。 （3）产品质量证明文件包括产品合格证和质量证明书。产品合格证一般包括的内容：产品名称、编号、规格型号、执行标准等；质量证明书除包括产品合格证的内容外还应包括以下内容：材料化学成分、材料以及焊接接头力学性能、热处理状态、无损检测结果、耐压试验结果、型式检验结果、产品标准或合同规定的其他检验项目、外协的半成品或成品的质量证明。 （4）铬钼合金钢、含镍合金钢、镍及镍合金钢、不锈钢、钛及钛合金材料的管道组成件，应采用光谱分析或其他方法对材质进行复查，并做好标识。材质为不锈钢、有色金属的管道元件和材料，在运输和储存期间不得与碳素钢、低合金钢接触【案例分析改错题】。 （5）进行晶间腐蚀试验的不锈钢、镍及镍合金钢的管道元件和材料，供货方应提供低温冲击韧性、晶间腐蚀性试验结果的文件，其试验结果不得低于设计文件的规定。 （6）GC1 级管道的管子、管件在使用前采用外表面磁粉或渗透无损检测抽样检验，要求检验批应是同炉批号、同型号规格、同时到货
阀门检验	（1）外观检查：阀门应完好，开启机构应灵活，阀门应无歪斜、变形、卡涩现象，标牌应齐全。 （2）阀门壳体压力试验和密封试验： ①试验介质：试验应以洁净水为介质，不锈钢阀门试验时，水中的氯离子含量不得超过 25ppm（25×10^{-6}）。 ②试验压力：阀门的壳体试验压力为阀门在 20℃时最大允许工作压力的 1.5 倍，密封试验为阀门在 20℃时最大允许工作压力的 1.1 倍，试验持续时间不得少于 5min，无特殊规定时，试验温度为 5～40℃，低于 5℃时，应采取升温措施。 ③安全阀的校验应按照现行国家标准和设计文件的规定进行整定压力调整和密封试验，委托有资质的检验机构完成，安全阀校验应做好记录、铅封，并出具校验报告

 直击考点 工业金属管道安装前的检验，案例分析题＋选择题均进行过考查，考生需熟悉。

2. 管道敷设及连接

◆管道连接时，不得强力对口，端面的间隙、偏差、错口或不同心等缺陷不得采用加热管子、加偏垫等方法消除。【案例分析改错题】

◆管道采用法兰连接时，法兰密封面及密封垫片不得有划痕、斑点等缺陷；法兰连接应与钢制管道同心，螺栓应能自由穿入，法兰接头的歪斜不得用强紧螺栓的方法消除；法兰连接应使用同一规格螺栓，安装方向应一致，螺栓应对称紧固。

◆管道试运行时，热态紧固或冷态紧固规定：

钢制管道热态紧固、冷态紧固温度应符合规范要求，如工作温度大于 350℃时，一次热态紧固温度为 350℃，二次热态紧固温度为工作温度；如工作温度低于 –70℃时，一次冷态紧固温度为 –70℃，二次冷态紧固温度为工作温度。

热态紧固或冷态紧固应在达到工作温度 2h 后进行。

当设计压力小于或等于 6.0MPa 时，热态紧固最大内压应为 0.3MPa；当设计压力大于 6.0MPa 时，热态紧固最大内压应为 0.5MPa。冷态紧固应在卸压后进行。

◆管道与大型设备或动设备连接（比如空压机、制氧机、汽轮机等），应在设备安装定位并紧固地脚螺栓后进行。

◆管道与机械设备连接前，应在自由状态下检验法兰的平行度和同轴度。管道与机械设备最终连接时，应在联轴节上架设百分表监视机械设备位移。管道试压、吹扫合格后，应对该管道与机器的接口进行复位检验。管道安装完成后，机械设备不得承受设计以外的附加应力。

 此处在 2020 年考试中考查了案例分析简答题：在联轴节上应架设哪种仪表监视设备位移？

◆大型储罐的管道与泵或其他有独立基础的设备连接，应在储罐液压（充水）试验合格后安装，或在储罐液压（充水）试验及基础初阶段沉降后，再进行储罐接口处法兰的连接。

◆伴热管及夹套管安装：伴热管与主管平行安装，并应能自行排液；不得将伴热管直接点焊在主管上；对不允许与主管直接接触的伴热管，在伴热管与主管间应设置隔离垫；伴热管经过主管法兰、阀门时，应设置可拆卸的连接件。

 对于管道敷设及连接，案例分析题 + 选择题均进行过考查，考生需熟悉。

3. 管道保护套管安装【案例实操题】

◆管道焊缝不应设置在套管内。

◆穿越墙体的套管长度不得小于墙体厚度。

◆穿越楼板的套管应高出楼面 30 ~ 50mm。

◆穿越屋面的套管应设置防水肩和防水帽。

◆管道与套管之间应填塞对管道无害的不燃材料。

◆一般刚性套管壁厚度不得小于 1.6mm。

4．阀门安装

◆阀门安装前，应按设计文件核对其型号，并应按介质流向确定其安装方向；检查阀门填料，其压盖螺栓应留有调节裕量。
◆当阀门与金属管道以法兰或螺纹方式连接时，阀门应在关闭状态下安装；以焊接方式连接时，阀门应在开启状态下安装，对接焊缝底层宜采用氩弧焊。当非金属管道采用电熔连接或热熔连接时，接头附近的阀门应处于开启状态。
◆安全阀应垂直安装；安全阀的出口管道应接向安全地点；在安全阀的进、出管道上设置截止阀时，应加铅封，且应锁定在全开启状态。

图1H413030-2　阀门安装

5．支、吊架安装

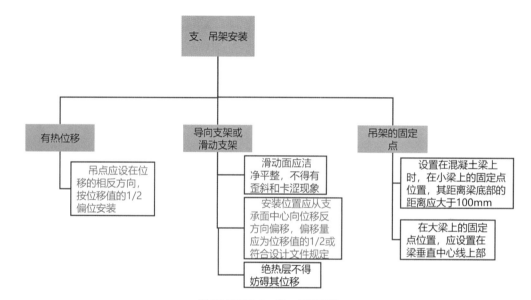

图1H413030-3　支、吊架安装

6．蒸汽管道支、吊架安装示意图

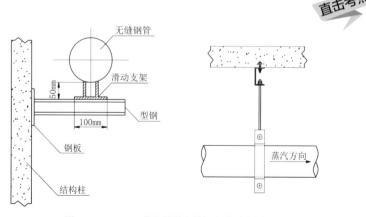

图1H413030-4　蒸汽管道支吊架安装示意图

直击考点 该蒸汽管道支、吊架安装示意图中，蒸汽主管采用 $\phi219×6mm$ 无缝钢管，安装高度 $H+3.2m$，管道采用70mm厚岩棉保温，蒸汽主管全部采用氩弧焊焊接。左图中：滑动支架高度修改：滑动支架的高度应大于保温层的厚度，背景中管道采用70mm厚岩棉保温，滑动支架高度为50mm，应增加支架高度稍大于70mm；吊点安装位置修改：蒸汽管道有热位移，其吊杆吊点应设在热位移的反方向，按位移值的1/2偏位安装。

7. 热力管道安装要求

热力管道安装要求   表 1H413030-2

项目	内容
架空敷设或地沟敷设	管道坡度：为了便于排水和放气，管道安装时均应设置坡度，室内管道的坡度为 0.002，室外管道的坡度为 0.003。蒸汽管道的坡度应与介质流向相同
	排水、放气装置：每段管道最高点应设放气装置，最低点要设排水装置  **口诀助记** **气往上走，水往下流**
	疏水装置：与其他管道共架敷设的热力管道，如果常年或季节性连续供气的可不设坡度，但应加设疏水装置，一般安装在管道的最低点可能集结冷凝水的地方、流量孔板的前侧及其他容易积水处
补偿装置安装	（1）波纹管膨胀节在安装时应按照设计文件进行预拉伸或预压缩。 （2）竖直安装：热水，应在补偿器的最高点安装放气阀，在最低点安装放水阀；蒸汽，应在补偿器的最低点安装疏水器或放水阀。 （3）支架设置：两个补偿器之间（一般为 20 ～ 40m）以及每一个补偿器两侧（指远的一端）应设置固定支架。两个固定支架的中间应设导向支架，导向支架应保证使管子沿着规定的方向做自由伸缩。补偿器两侧的第一个支架应为活动支架，设置在距补偿器弯头弯曲起点 0.5 ～ 1m 处，此处不得设置导向支架或固定支架 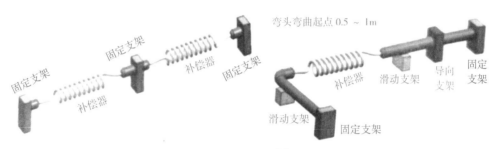 图 1H413030-5 补偿装置支架设置
支架、托架安装	（1）管道的底部应用点焊的形式装上高滑动托架，托架高度稍大于保温层的厚度，安装托架两侧的导向支架时，要使滑槽与托架之间有 3 ～ 5mm 的间隙。 （2）安装导向支架和活动支架的托架时，靠近补偿器两侧的几个支架安装时应装偏心，其偏心的长度应是该点距固定点的管道热伸量的一半。偏心的方向都应以补偿器的中心为基准。 （3）弹簧支架一般装在有垂直膨胀伸缩而无横向膨胀伸缩之处。弹簧吊架一般安装在垂直膨胀的横向、纵向均有伸缩处，吊架安装时应偏向膨胀方向相反的一边

架空敷设   地沟敷设
图 1H413030-6 热力管道安装方式

直击考点 该知识点出题方式可以是选择题、案例分析题。

8．长输管道施工程序

 此处可能会考查案例补充题、案例简答题。

◆线路交桩→测量放线→施工作业带清理及施工便道修筑→管道运输→管沟开挖→布管→清理管口→组装焊接→焊接质量检查与返修→补口检漏补伤→吊管下沟→管沟回填→三桩埋设→阴极保护→通球试压测径→管线吹扫、干燥→连头（碰死口）→地貌恢复→水工保护→竣工验收。

【考点3】管道试压技术要求（☆☆☆☆☆）
[17年单选，15年多选，13、18、19、20、21、22年案例]

1．管道系统试验的主要类型

◆根据管道系统不同的使用要求，主要有压力试验、泄漏性试验、真空度试验。

 此处可以考查案例简答题（如：工业管道系统试验包括哪几种类型？）、案例补充题（工业管道系统试验除了背景中告知的试验类型外，还包括哪些类型？）。

2．管道系统试验前应具备的条件

◆试验范围内的管道及附件安装质量合格。
◆试验方案已经过批准，并已进行了安全技术交底。在压力试验前，相关资料已经建设单位和有关部门复查（复查资料：管道元件的质量证明文件、管道组成件的检验或试验记录、管道安装和加工记录、焊接检查记录、检验报告和热处理记录、管道轴测图、设计变更及材料代用文件）。
◆管道上的膨胀节已设置了临时约束装置。
◆试验用压力表已经校验合格并在检验周期内，其精度不得低于1.6级，表的满刻度值应为被测最大压力的1.5～2倍，压力表不得少于两块。
◆管道已按试验方案进行了加固。
◆待试管道与无关系统已用盲板或其他隔离措施隔开。
◆管道上的安全阀、爆破片及仪表元件等已拆下或加以隔离。

 此处在2020年考查了案例识图改错题

 此处考查过选择题、案例简答题、案例补充题、案例分析改错题、案例识图改错题，上述内容需在理解的基础上记忆。

3．管道压力试验的一般规定

管道压力试验的一般规定　　　　　　　　　　　　　　　　　　　表 1H413030-3

项目	内容
试验介质的要求	压力试验宜以液体为试验介质，当管道的设计压力小于或等于0.6MPa时，可采用气体为试验介质

续表

项目	内容
试验压力的要求	管道安装完毕，热处理和无损检测合格后，才能进行压力试验
脆性材料试验要求	脆性材料严禁使用气体进行试验，压力试验温度严禁接近金属材料的脆性转变温度
试验过程发现泄漏的处理要求	试验过程发现泄漏时，不得带压处理。消除缺陷后应重新进行试验
试验完毕后的相关要求	（1）试验结束后，应及时拆除盲板、膨胀节临时约束装置。 （2）压力试验完毕，不得在母材管道上进行修补、钻孔或焊接。 （3）当在管道上进行修补或增添物件时，应重新进行压力试验。经设计或建设单位同意，对采取了预防措施并能保证结构完好的小修和增添物件，可不重新进行压力试验

 直击考点　此处考查过案例简答题，考生须熟悉上述内容。

4. 管道压力试验的替代形式及规定

管道压力试验的替代形式及规定　　表 1H413030-4

项目	内容
代替现场压力试验的方法	受潮无法操作；环境温度低招致脆裂，且由于低温又不能进行气压试验时，经过设计和建设单位同意，可同时采用下列方法代替现场压力试验： （1）所有环向、纵向对接焊缝和螺旋缝焊缝应进行 100% 射线检测和 100% 超声检测。 （2）除环向、纵向对接焊缝和螺旋缝焊缝以外的所有焊缝（包括管道支承件与管道组成件连接的焊缝）应进行 100% 渗透检测或 100% 磁粉检测。 （3）由设计单位进行管道系统的柔性分析。 **直击考点**　此处在 2020 年的考试中考查了案例简答题：背景中的工艺管道系统的焊缝应采用哪几种检测方法？设计单位对工艺管道系统应如何分析？
气压试验代替液压试验	当管道的设计压力大于 0.6MPa 时，设计和建设单位认为液压试验不切实际时，可按规定的气压试验代替液压试验

5. 管道液压试验的实施要点

管道液压试验的实施要点　　表 1H413030-5

项目	实施要点
试验介质	洁净水（对不锈钢管、镍及镍合金管道，或对连有不锈钢管、镍及镍合金管道或设备的管道，水中氯离子含量不得超过 25ppm） **直击考点**　此处在 2018 年考试中考查了案例分析判断题：项目部采用的试压及冲洗用水是否合格？说明理由。

项目	实施要点
试验要求	（1）试验前，注入液体时应排尽空气。 （2）试验时环境温度不宜低于 5℃，当环境温度低于 5℃时应防冻。 （3）承受内压的地上钢管道及有色金属管道试验压力应为设计压力的 1.5 倍，埋地钢管道的试验压力应为设计压力的 1.5 倍，且不得低于 0.4MPa。 **直击考点** 此处内容近几年考试中考查过的案例题型小结： ①在 2020 年考试中考查过案例分析计算题：计算氧气管道采用氮气的试验压力。 ②在 2021 年考试中考查过案例分析计算题：该工程的埋地管道试验压力应为多少 MPa？ ③在 2022 年考试中考查过案例分析计算题：计算蒸汽管道的水压试验压力。 （4）管道与设备作为一个系统进行试验时，当管道的试验压力等于或小于设备的试验压力时，应按管道的试验压力进行试验；当管道试验压力大于设备的试验压力，并无法将管道与设备隔开，以及设备的试验压力大于按规定计算的管道试验压力的 77% 时，经设计或建设单位同意，可按设备的试验压力进行试验。 **直击考点** （1）此处内容在 2022 年考试中考查了案例分析判断题：蒸汽集汽缸能否与管道作为一个系统按管道试验压力进行试验？说明理由。 （2）还需掌握的规范：《电力建设施工技术规范 第 2 部分：锅炉机组》DL 5190.2—2019
试验过程及合格标准	试验应缓慢升压，待达到试验压力后，稳压 10min，再将试验压力降至设计压力，稳压 30min，检查压力表有无压降、管道所有部位有无渗漏和变形

6. 管道系统水压试验示意图

 图 1H413030-7 为一道案例分析识图改错题，图中：水压试验只安装了 1 块压力表，且安装位置错误；正确做法：压力表不得少于 2 块（增加 1 块），应在加压系统的第一个阀门后（始端）和系统最高点（排气阀处、末端）各装 1 块压力表。

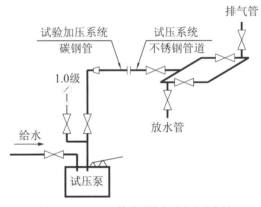

图 1H413030-7 管道系统水压试验示意图

7. 管道气压试验的实施要点

管道气压试验的实施要点 表 1H413030-6

项目	实施要点
试验介质	选用气体介质进行的压力试验。采用的气体为干燥洁净的空气、氮气或其他不易燃和无毒的气体 **直击考点** 此处内容在 2013 年考试中考查过案例分析简答题：根据流程图，工艺管道试压宜采用什么介质？

续表

项目	实施要点
试验要求	（1）承受内压钢管及有色金属管道试验压力应为设计压力的 1.15 倍，真空管道的试验压力应为 0.2MPa。 （2）试验时应装有压力泄放装置，其设定压力不得高于试验压力的 1.1 倍。 （3）试验前，应用试压气体介质进行预试验，试验压力宜为 0.2MPa
试验过程及合格标准	试验时，应缓慢升压，当压力升至试验压力的 50% 时，如未发现异常或泄漏，继续按试验压力的 10% 逐级升压，每级稳压 3min，直至试验压力。应在试验压力下稳压 10min，再将压力降至设计压力，采用发泡剂、显色剂、气体分子感测仪或其他手段检验无泄漏为合格

 该知识点内容可以考查选择题＋案例题，要在理解的基础上记忆。

8．管道泄漏性试验的实施要点

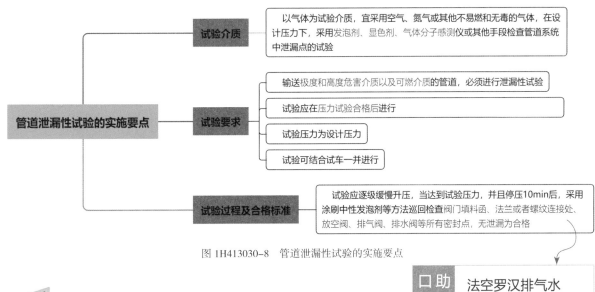

图 1H413030-8　管道泄漏性试验的实施要点

 此处内容需记忆上述图中标注颜色字体，可以出选择题、分析判断题。

 法空罗汉排气水

9．管道真空度试验的实施要点

◆真空系统在压力试验合格后，还应按设计文件规定进行 24h 的真空度试验。
◆真空度试验按设计文件要求，对管道系统抽真空，达到设计规定的真空度后，关闭系统，24h 后系统增压率不应大于 5%。

【考点4】管道吹洗技术要求（☆☆☆☆）[19年多选，18、20、21年案例]

1. 工业管道吹洗的规定

 直击考点 选择题考点，直接记忆。

◆管道吹扫与清洗方法应根据对管道的使用要求、工作介质、系统回路、现场条件及管道内表面的脏污程度确定。

◆吹洗的顺序：按主管、支管、疏排管依次进行。

◆资料：管道吹洗合格后，应由施工单位会同建设单位或监理单位共同检查确认，并应填写"管道系统吹扫与清洗检查记录"及"管道隐蔽工程（封闭）记录"。

2. 工业管道吹洗的规定

工业管道吹洗的规定　　　　　　　　　　　　　　　　　　　　　表 1H413030-7

吹洗方式	实施要点
水冲洗【选择题+案例分析改错】	（1）水冲洗应使用洁净水。冲洗不锈钢管、镍及镍合金钢管道，水中氯离子含量不得超过25ppm（25×10^{-6}）。 （2）水冲洗流速不得低于1.5m/s，冲洗压力不得超过管道的设计压力。 **直击考点** 此处内容在2020年的二级建造师考试中考查了年例简答题：系统冲洗的最低流速为多少？ （3）排放管径不应小于被冲洗管的60%，排水时不得形成负压。 （4）水冲洗应连续进行，当设计无规定时，以排出口的水色和透明度与入口水目测一致为合格。管道水冲洗合格后，应及时将管内积水排净，并应及时吹干。 **直击考点** 此处内容在2020年的二级建造师考试中考查了年例简答题：鼓风机房冷却水管道系统冲洗的合格标准是什么？
空气吹扫	（1）宜利用生产装置的大型空压机或大型储气罐，进行间断性吹扫。 （2）吹扫压力不得大于系统容器和管道的设计压力，吹扫流速不宜小于20m/s。 （3）吹扫忌油管道时，气体中不得含油。吹扫过程中，当目测排气无烟尘时，应在排气口设置贴有白布或涂刷白色涂料的木制靶板检验，吹扫5min后靶板上无铁锈、尘土、水分及其他杂物为合格
蒸汽吹扫【案例分析改错】	（1）吹扫前，管道系统的绝热工程应已完成。 （2）蒸汽管道应以大流量蒸汽进行吹扫，流速不小于30m/s，吹扫前先行暖管、及时疏水，检查管道热位移。 （3）蒸汽吹扫应按加热→冷却→再加热的顺序循环进行
油清洗	（1）不锈钢管油系统管道，宜采用蒸汽吹净后进行油清洗。 （2）应采用循环的方式进行，每8h应在40～70℃内反复升降油温2～3次，并及时更换或清洗滤芯。 （3）当设计无规定时，管道油清洗后采用滤网检验。 （4）油清洗合格后的管道，采取封闭或充氮保护

续表

吹洗方式	实施要点
化学清洗	（1）当进行管道化学清洗时，应与无关设备及管道进行隔离。 （2）管道酸洗钝化应按脱脂去油、酸洗、水洗、钝化、水洗、无油压缩空气吹干的顺序进行。当采用循环方式进行酸洗时，管道系统应预先进行空气试漏或液压试漏并检验合格。 此处内容在 2020 年考试中考查过案例简答题：氧气管道的酸洗钝化有哪些工序内容？ （3）对不能及时投入运行的化学清洗合格的管道，应封闭或充氮保护

 掌握管道吹扫清洗的实施要点，注意区分各自冲洗时的流速要求。

1H413040 静置设备及金属结构安装技术

【考点1】塔器设备安装技术（☆☆☆）[15、18 年单选]

1. 塔器安装技术

塔器安装技术　　　　　　　　　　　　　　　　　　　　　　　表 1H413040-1

项目	内容
现场分段组焊	卧式组焊程序：到货开箱检查验收→在现场组装场地搭设临时道木支墩或设置滚轮架（托辊）等组装胎具→各段塔体组对焊接（可按上段筒体→中段筒体→下段筒体→底段筒体含裙座的顺序）成整体→对现场施焊的环焊缝进行无损检测→热处理（根据设计文件要求）→耐压试验、气密性试验
	塔器安装立式组焊顺序：分段筒体、部件检查验收→基础验收、安放垫铁→塔体的最下段（带裙座段）吊装就位、找正→吊装第二段（由下至上排序）、找正→组焊段间环焊缝、无损检测→重复上述过程：逐段吊装直至吊装最上段（带顶封头段）、找正、组焊段间环焊缝、无损检测→整体找正、紧固地脚螺栓、垫铁点固及二次灌浆→内固定件和其他配件安装焊接→耐压试验、气密性试验
产品焊接试件	（1）试板材料应与塔器用材具有相同标准、相同牌号、相同厚度和相同热处理状态。 （2）试板的试验项目至少包括拉伸试验、弯曲试验、冲击试验，不合格项目应进行复验

 选择题考点，直接记忆。

2. 塔器设备水压试验【案例改错题】

◆试验介质宜采用洁净淡水。奥氏体不锈钢制塔器用水作介质试压时，水中的氯离子含量不超过 25ppm（25×10^{-6}）。

◆在塔器最高与最低点且便于观察的位置，各设置一块压力表。两块压力表的量程应相同，且校验合格并在校验有效期内。压力表量程宜为 1.5 倍至 2 倍试验压力。

◆试验充液前应先打开放空阀门。充液后缓慢升至设计压力，确认无泄漏后继续升压至试验压力，保压时间不少于 30min，然后将压力降至试验压力的 80%，对所有焊接接头和连接部位进行检查。

◆合格标准：无渗漏；无可见变形；试验过程中无异常的响声。

【考点2】金属储罐制作与安装技术（☆☆☆☆☆）
[14、22年单选，16年多选，15、17、20年案例]

1. 金属储罐安装方法

金属储罐安装方法   表 1H413040-2

外搭脚手架正装法	内挂脚手架正装法
（1）脚手架随罐壁板升高而逐层搭设。 （2）当纵向焊缝采用气电立焊、环向焊缝采用自动焊时，脚手架不得影响焊接操作。 （3）采用在壁板内侧挂设移动小车进行内侧施工。 （4）采用吊车吊装壁板	（1）每组对一圈壁板，就在壁板内侧沿圆周挂上一圈三脚架，在三脚架上铺设跳板，组成环形脚手架，作业人员即可在跳板上组对安装上一层壁板。 （2）在已安装的最上一层内侧沿圆周按规定间距在同一水平标高处挂上一圈三脚架，铺满跳板，跳板搭头处捆绑牢固，安装护栏。 （3）搭设楼梯间或斜梯连接各圈脚手架，形成上、下通道。 （4）一台储罐施工宜用2层至3层脚手架，1个或2个楼梯间，脚手架从下至上交替使用。 （5）在罐壁外侧挂设移动小车进行罐壁外侧施工。 （6）采用吊车吊装壁板

图 1H413040-1　内挂脚手架正装法

（1）此处内容一般考查过选择题、案例分析题（如2015年考试中的案例真题题目：说明内挂脚手架正装法和外搭脚手架正装法脚手架的搭设区别），直接记忆。

（2）两种方法的施工要求类似，但是也有不同之处，考生应注意掌握、区分两种方法的不同之处在哪：脚手架搭设方法、施工位置、挂设移动小车位置。

2．金属储罐罐底焊接工艺

◆焊接工艺原则：采用收缩变形最小的焊接工艺及焊接顺序。
◆焊接顺序：中幅板焊缝→罐底边缘板对接焊缝靠边缘的 300mm 部位→罐底与罐壁板连接的角焊缝（在底圈壁板纵焊缝焊完后施焊）→边缘板剩余对接焊缝→边缘板与中幅板之间的收缩缝。

3．金属储罐罐壁焊接工艺

◆焊接工艺原则：先焊纵向焊缝，后焊环向焊缝。
◆自动焊接工艺要求：纵焊缝采用气电立焊时，应自下向上焊接；对接环焊缝采用埋弧自动焊时，焊机应均匀分布，并沿同一方向施焊。
◆罐壁采用焊条电弧焊时的焊接顺序：罐壁纵向焊缝→组对第一圈和第二圈环缝→组对纵向焊缝焊接活口→第一圈与第二圈环缝→纵向焊缝活口焊缝→下一圈壁板纵向焊缝，依次类推。

4．金属储罐罐顶焊接工艺

◆焊接工艺原则：先短后长，先内后外。
◆焊接顺序：径向的长焊缝采用隔缝对称施焊方法，由中心向外分段跳焊；顶板与包边抗拉环、抗压环焊接时，焊工应对称分布，并沿同一方向分段跳焊。

5．预防焊接变形技术措施

预防焊接变形技术措施　　　　　　　　　　　　表 1H413040-3

技术措施	内容
组装技术措施	（1）储罐排版应考虑焊缝要分散、对称布置。 （2）底板边缘板对接接头采用不等间隙，间隙要外小内大；采用反变形措施，在边缘板下安装楔铁，补偿焊缝的角向收缩。 （3）壁板卷制中要用弧形样板检查边缘的弧度，避免壁板纵缝组对时形成尖角。可用弧形护板定位控制纵缝的角变形
焊接技术措施	底板控制焊接变形的措施： （1）边缘板采用隔缝焊接，边缘板先焊接外侧 300mm 左右的焊缝，内侧待边缘板与壁板的角缝焊接后再施焊。 （2）中幅板焊接先焊短焊缝、后焊长焊缝，焊前要将长焊缝的定位焊点全部铲开，用定位板固定。遵循由罐中心向四周并隔缝对称焊接的原则，分段退焊或跳焊。 （3）罐底与罐壁连接的角焊缝：先焊内侧环形角缝，再焊外侧环形角缝。由数对焊工对称均匀分布，同一方向进行分段焊接。初层焊道采用分段退焊或跳焊法

技术措施	内容
焊接技术措施	壁板控制焊接变形的措施： （1）壁板焊接要先纵缝、后环缝，环缝焊工要对称分布，沿同一方向施焊。 （2）打底焊时，焊工要分段跳焊或分段退焊。 （3）在焊接薄板时，应采用 ϕ 3.2 的焊条，采用小电流、快速焊的焊接参数施焊，用小焊接热输入，减少焊缝的热输入量，降低焊接应力，减少焊接变形

 选择题考点，直接记忆。

6. 储罐试验

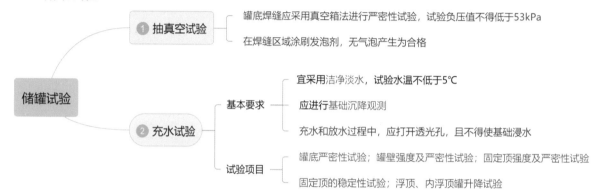

图 1H413040-2 储罐试验

 关于储罐试验，在近几年的考试中未有涉及，重点熟悉一下其试验项目有哪些即可。

【考点3】球形罐安装技术（☆☆☆）[15年案例]

1. 球形罐焊接

◆每台球形储罐应按施焊位置做横焊、立焊和平焊加仰焊位置的产品焊接试件各一块。
◆焊接程序原则：先焊纵缝，后焊环缝；先焊短缝，后焊长缝；先焊坡口深度大的一侧，后焊坡口深度小的一侧。
◆焊条电弧焊时，焊工应对称分布、同步焊接，在同等时间内超前或滞后的长度不宜大于500mm。焊条电弧焊的第一层焊道应采用分段退焊法。多层多道焊时，每层焊道引弧点宜依次错开 25～50mm。

2. 球形罐焊后整体热处理

口助诀记　这只猴要财

◆球形罐根据设计图样要求、盛装介质、厚度、使用材料等确定是否进行焊后整体热处理。球形罐焊后整体热处理应在压力试验前进行。
◆整体热处理时应松开拉杆及地脚螺栓，检查支柱底部与预先在基础上设置的滑板之间的润滑及位移测量装置。热处理过程中应监测柱脚实际位移值及支柱垂直度，及时调整支柱使其处于垂直状态。热处理后应测量并调整支柱的垂直度和拉杆挠度。

【考点 4 】金属结构制作与安装技术（☆☆☆☆ ）
　　　　[17、21 年单选，19、20 年多选，22 年案例]

1. 金属结构制作工艺要求

◆ 钢材切割面应无裂纹、夹渣、分层等缺陷和大于 1mm 的缺棱，并应全数检查。
◆ 碳素结构钢在环境温度低于 −16℃、低合金结构钢在环境温度低于 −12℃时，不应进行冷矫正和冷弯曲。碳素结构钢和低合金结构钢在加热矫正时，加热温度应为 700 ~ 800℃，最高温度严禁超过 900℃，最低温度不得低于 600℃。低合金结构钢在加热矫正后应自然冷却。
◆ 矫正后的钢材表面，不应有明显的凹面或损伤，划痕深度不得大于 0.5mm，且不应大于该钢材厚度允许负偏差的 1/2。
◆ 对于有较大收缩或角变形的接头，正式焊接前应采用预留焊接收缩裕量或反变形方法控制收缩和变形；长焊缝采用分段退焊、跳焊法或多人对称焊接法焊接；多组件构成的组合构件应采取分部组装焊接，矫正变形后再进行总装焊接。

直击考点　此处内容在 2022 年考试中考查了一道案例分析改错题：在型钢矫正和切割面检查方面有什么不妥和遗漏之处？

2. 钢结构安装的主要环节（选择题考点）

◆ 基础验收与处理；
◆ 钢构件复查；
◆ 钢结构安装；
◆ 涂装（防腐涂装、防火涂装）。

3. 框架和管廊分段（片）安装（选择题考点）

◆ 框架的安装可采用地面拼装和组合吊装的方法施工，已安装的结构应具有稳定性和空间刚度。管廊可在地面拼装成片，检查合格后成片吊装。
◆ 铣平面应接触均匀，接触面积不应小于 75%。
◆ 框架的节点采用焊缝连接时，宜设置安装定位螺栓。每个节点定位螺栓数量不得少于 2 个。
◆ 地面拼装的框架和管廊结构焊缝需进行无损检测或返修时，无损检测和返修应在地面完成，合格后方可吊装。
◆ 在安装的框架和管廊上施加临时载荷时，应经验算。

4．高强度螺栓连接

 直击考点 选择题考点，直接记忆。

高强度螺栓连接

安装准备
- 钢结构制作和安装单位应按规定分别进行高强度螺栓连接摩擦面的抗滑移系数试验和复验，现场处理的构件摩擦面应单独进行抗滑移系数试验。合格后可进行安装
- 高强度大六角头螺栓连接副施拧可采用扭矩法或转角法。施工用的扭矩扳手使用前应进行校正，其扭矩相对误差不得大于±5%
- 高强度螺栓安装时，穿入方向应一致。高强度螺栓现场安装应能自由穿入螺栓孔，不得强行穿入。螺栓不能自由穿入时可采用铰刀或锉刀修整螺栓孔，不得采用气割扩孔。扩孔数量应征得设计单位同意

扭矩控制
- 高强度螺栓连接副施拧分为初拧和终拧。大型节点在初拧和终拧间增加复拧。初拧扭矩值可取终拧扭矩的50%，复拧扭矩应等于初拧扭矩。初拧（复拧）后应对螺母涂刷颜色标记。高强度螺栓的拧紧宜在24h内完成
- 高强度螺栓宜由螺栓群中央顺序向外拧紧
- 扭剪型高强度螺栓连接副应采用专业电动扳手施拧。初拧（复拧）后应对螺母涂刷颜色标记。终拧以拧断螺栓尾部梅花头为合格
- 高强度大六角头螺栓连接副终拧后，应用0.3kg重小锤敲击螺母对高强度螺栓进行逐个检查，不得有漏拧

图 1H413040-3 高强度螺栓连接

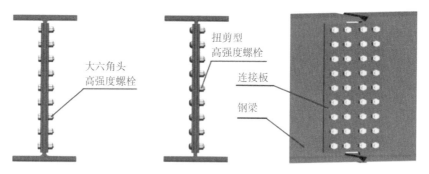

图 1H413040-4 高强度螺栓连接示意图

5．高强度螺栓质量检验要求

 直击考点 选择题考点，直接记忆。

◆高强度大六角头螺栓连接副终拧扭矩检查：宜在螺栓终拧 1h 后、24h 之前完成检查。检查方法采用扭矩法或转角法。检查数量为节点数的 10%，但不应少于 10 个节点，每个被抽查节点按螺栓数抽查 10%，且不应少于 2 个。

◆扭剪型高强度螺栓终拧后，除因构造原因无法使用专用扳手终拧掉梅花卡头者除外，未在终拧中扭断梅花卡头的螺纹数不应大于该节点螺栓数的 5%。对所有梅花卡头未拧掉的扭剪型高强度螺栓连接副用扭矩法或转角法进行终拧并做标记。检查数量为节点数的 10%，但不应少于 10 个节点。

◆高强度螺栓连接副终拧后，螺栓丝扣外露应为 2～3 扣，其中允许有 10% 的螺栓丝扣外露 1 扣或 4 扣。

◆多节柱安装时，每节柱的定位轴线应从地面控制轴线直接引上，不得从下层柱的轴线引上，避免造成过大的累积误差。

◆吊车梁和吊车桁架组装、焊接完成后不允许下挠。

◆钢网架结构总拼完成后及屋面工程完成后应分别测量其挠度值，且所测的挠度值不应超过相应设计值的 1.15 倍。

1H413050 发电设备安装技术

【考点1】电厂锅炉设备安装技术（☆☆☆）[15、19年单选，16年多选]

1.钢架安装找正的方法（案例简答）

◆用弹簧秤配合钢卷尺检查中心位置和大梁间的对角线误差。
◆用经纬仪检查立柱垂直度。
◆用水准仪检查大梁水平度和挠度，板梁挠度在板梁承重前、锅炉水压前、锅炉水压试验上水后及放水后、锅炉整套启动前进行测量。

2.锅炉受热面施工程序

口助诀记　电光球找对面，吊高踢

◆设备及其部件清点检查→合金设备（部件）光谱复查→通球试验与清理→联箱找正划线→管子就位对口焊接→组件地面验收→组件吊装→组件高空对口焊接→组件整体找正等。

3.锅炉受热面组件吊装原则（选择题考点）

◆先上后下，先两侧后中间。
◆先中心再逐渐向炉前、炉后、炉左、炉右进行。
◆同一层杆件的吊装顺序为立柱、垂直支撑（斜撑）、横梁、小梁、水平支撑、平台、爬梯、栏杆等。

4.电站锅炉安装（选择题考点）

电站锅炉安装　　　　　　　　　　　　　　　　　　表 1H413050-1

项目	质量控制内容
锅炉钢结构安装	安装前应确认高强度螺栓连接点安装方法，临时螺栓、定位销数量符合规程要求。每层构架安装结束后检查柱垂直度、大梁标高并做记录，对高强度螺栓连接质量按规程全面检查确认合格
锅炉受热面安装	安装前编制专项施工方案，确认符合制造要求
燃烧器安装质量控制	燃烧器就位再次检查内外部结构，调整喷口位置、角度和尺寸并用压缩空气做冷态调整。安装煤粉管道和热风道时不准将其他载荷传递到燃烧器上
锅炉密封质量控制	锅炉密封工作结束后，对炉膛进行气密试验，并处理缺陷至合格，风压试验压力按设备技术文件规定来选择，如无规定时，试验压力可按炉膛工作压力加 0.5kPa 进行正压试验，一般负压锅炉的风压试验值选 0.5kPa

5．锅炉蒸汽管路的冲洗与吹洗

◆吹管范围：包括减温水管系统和锅炉过热器、再热器及过热蒸汽管道吹洗。
◆吹洗过程中，至少有一次停炉冷却（时间12h以上），以提高吹洗效果。

【考点2】汽轮发电机安装技术（☆☆☆☆☆）
[14、15、20年单选，13、14年多选，16、17、20年案例]

1．汽轮机设备组成（选择题考点）

图 1H413050-2　汽轮机设备组成

图 1H413050-1　汽轮机转动部分

口助
诀记　节（结）气（汽）给本府（辅）

2．发电机设备组成（选择题考点）

◆汽轮发电机由定子和转子两部分组成。
◆旋转磁极式发电机定子主要由机座、定子铁芯、定子绕组、端盖等部分组成。
◆转子主要由转子锻件、励磁绕组、护环、中心环和风扇等组成。

定子

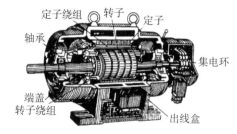

转子结构

图 1H413050-3　发电机设备组成

3. 电站汽轮机的安装技术要点

电站汽轮机的安装技术要点　　　　　　　　　　　　　表 1H413050-2

项目		内容
汽缸和轴承座安装	低压缸组合安装	低压外下缸组合：后段（电机侧）与前段（汽侧）先分别就位，调整水平、标高、找中心后试组合，将前、后段分开一段距离，再次清理检查垂直结合面，确认清洁无异物后再进行正式组合。组合时汽缸找中心的基准可以用激光、拉钢丝、假轴、转子等　　**口诀助记 垃圾之家**
		低压外上缸组合：先试组合，以检查水平、垂直结合面间隙，符合要求后正式组合
		低压内缸组合：当低压内缸就位找正、隔板调整完成后，低压转子吊入汽缸中并定位后，再进行通流间隙调整
	整体到货的高、中压缸安装	汽轮机轴通过辅装在缸体端部的运输环对转子和汽缸的轴向、径向定位
转子安装	包括的内容	转子吊装、转子测量和转子、汽缸找中心
	转子测量	轴颈椭圆度、不柱度的测量，推力盘晃度、瓢偏度测量，转子弯曲度测量　　**口诀助记 圆柱度盘弯**
上、下汽缸闭合	连续进行，不得中断	上、下汽缸闭合也称汽轮机扣大盖。汽轮机扣大盖时扣盖区域应封闭管理，无关人员不得进入。扣盖工作从内缸吊装第一个部件开始至上汽缸就位，全程工作应连续进行，不得中断
	进行试扣	汽轮机正式扣盖之前，应将内部零部件全部装齐后进行试扣，以便对汽缸内零部件的配合情况全面检查。试扣前应用压缩空气吹扫汽缸内各部件及其空隙，确保汽缸内部清洁无杂物、结合面光洁，并保证各孔洞通道部分畅通，需堵塞隔绝部分应堵死
凝汽器安装	凝汽器内部设备、部件的安装	包括管板、隔板冷却管束的安装、连接。凝汽器组装完毕后，汽侧应进行灌水试验。灌水高度宜在汽封洼窝下 100mm，维持 24h 应无渗漏。已经就位在弹簧支座上的凝汽器，灌水试验前应加临时支撑。灌水试验完成后应及时把水放净
轴系对轮中心的找正	位置	主要是对高中压对轮中心、中低压对轮中心、低压对轮中心和低发对轮中心的找正
	找正步骤	首先要以低压转子为基准；其次，对轮找中心通常都以全实缸、凝汽器灌水至模拟运行状态进行调整；再次，各对轮找中心时的端面张口和圆周高低差要有预留值；最后，一般在各不同阶段要进行多次对轮中心的复查和找正
	找正具体内容	轴系初找；凝汽器灌水至运行重量后的复找；汽缸扣盖前的复找；基础二次灌浆前的复找；基础二次灌浆后的复找；轴系联结时的复找。除第一次初找外，所有轴系中心找正工作都是在凝汽器灌水至运行重量的状态下进行的

（1）汽缸和轴承座安装、转子安装，属于选择题考点，直接记忆。

（2）对于上、下汽缸闭合的内容，可以考查选择题、案例简答题。

（3）对于凝汽器安装，在 2020 年考试中考查了案例简答题：写出凝汽器灌水试验前后的注意事项。灌水水位应高出哪个部件？

（4）对于轴系对轮中心找正的内容，案例考查题型小结如下：

①在 2016 年考试中考查了案例简答题：针对 330MW 机组轴系调整，钳工班组还应在哪些工序阶段多次对轮中心进行复查和找正？

②在 2017 年考试中考查了案例补充题：汽轮机轴系对轮中心找正除轴系联结时的复找外还包括哪些找正？

③在 2020 年考试中考查了案例简答题：轴系中心复找工作应在凝汽器什么状态下进行？

4．发电机设备安装程序

◆定子就位→定子及转子水压试验→发电机穿转子→氢冷器安装→端盖、轴承、密封瓦调整安装→励磁机安装→对轮复找中心并连接→整体气密性试验等。

 口助诀记 秋水传情，盖茨夫妻

 要注意发电机设备安装程序的排序，可以考查排序类型的选择题，也可以考查案例补充题。

5．发电机定子的吊装技术要求

◆发电机定子吊装通常有采用液压提升装置吊装、专用吊装架吊装和行车改装系统吊装三种方案。

6．发电机转子安装技术要求

◆发电机转子穿装前进行单独气密性试验。重点检查滑环下导电螺钉、中心孔堵板的密封状况，试验压力和允许漏气量应符合制造厂规定。

◆转子穿装要求在定子找正完、轴瓦检查结束后进行。

◆转子穿装方法有滑道式方法、接轴的方法、用后轴承座作平衡重量的方法、用两台跑车的方法等。

 此处内容在 2017 年考试中考查了案例简答题、案例补充题：发电机转子穿装前气密性试验重点检查内容有哪些？发电机转子穿装常用方法还有哪些？

【考点3】风力发电设备安装技术（☆☆☆）[22年单选]

1. 风力发电设备的构成、安装程序

风力发电设备的构成、安装程序　　表 1H413050-3

项目	内容
构成	塔筒、机舱、发电机、轮毂、叶片、电气设备
安装程序	施工准备→基础环平台及变频器、电器柜→塔筒安装→机舱安装→发电机安装→叶片与轮毂组合→叶轮安装→其他部件安装→电气设备安装→调试试运行→验收

 此处可以考查选择题、案例补充题。

2. 风力发电设备安装技术要求

风力发电设备安装技术要求　　表 1H413050-4

项目	内容
塔筒安装要求	（1）塔筒分多段供货，现场根据塔筒重量、尺寸以及安装高度选择吊车的吊装工况。 （2）按照由下至上的吊装顺序进行塔筒的安装。 塔筒结合面法兰清理打磨干净，第一节安装前在第一节塔筒下法兰外缘和内缘各涂一圈密封胶以避免湿气进入塔筒内部。 塔筒就位紧固后塔筒法兰内侧的间隙应小于0.5mm，否则要使用不锈钢片填充，之后依次安装上部塔筒。 塔筒螺栓分别使用电动扳手和2次液压扳手按相应的拧紧力矩分三次进行紧固
叶轮安装要求	（1）轮毂、叶片外观没有损伤，轮毂固定在组合支架上与三个叶片进行组合。 （2）吊装组合后的叶轮要保持叶片位置和角度的正确，吊装中对叶片与吊绳间进行防护。 （3）叶轮与机舱的螺栓紧固须使用力矩扳手、电动扳手和2次液压扳手按要求的拧紧力矩分四次拧紧螺栓

 此处可以考查选择题（以下说法正确的是？）、案例补充题。

【考点4】太阳能发电设备安装技术（☆☆☆）[18、21年单选]

1. 光伏发电设备的组成、安装程序

 选择题考点，直接记忆。

- ◆组成：主要由光伏支架、光伏组件、汇流箱、逆变器、电气设备等组成。光伏支架包括跟踪式支架、固定支架和手动可调支架等。
- ◆安装程序：施工准备→基础检查验收→设备检查→光伏支架安装→光伏组件安装→汇流箱安装→逆变器安装→电气设备安装→调试→验收。

2. 光热发电设备的组成、安装程序

◆组成：集热器设备、热交换器、汽轮发电机等设备组成。槽式光热发电的集热器由集热器支架（驱动塔架、支架）、集热器（驱动轴、悬臂、反射镜、集热管、集热管支架、管道支架等）及集热器附件等组成。塔式光热发电的集热设备由定日镜、吸热器钢架和吸热器设备等组成。

◆塔式光热发电设备安装程序：施工准备→基础检查验收→设备检查→定日镜安装→吸热器钢结构安装→吸热器及系统管道安装→换热器及系统管道安装→汽轮发电机设备安装→电气设备安装→调试→验收。

◆槽式光热发电设备安装程序：施工准备→基础检查验收→设备检查→集热器支架安装→集热器及附件安装→换热器及管道系统安装→汽轮发电机设备安装→电气设备安装→调试→验收。

 选择题考点，直接记忆。

1H413060 自动化仪表工程安装技术

【考点1】自动化仪表设备安装要求（☆☆☆☆）
[14、19年单选，16年多选，21年案例]

1. 取源部件安装的一般要求

◆取源部件的结构尺寸、材质和安装位置应符合设计要求。

◆设备上的取源部件应在设备制造时同时安装。管道上的取源部件安装应在管道预制或安装的同时进行。

◆在设备或管道上进行取源部件的开孔和焊接，必须在设备或管道的防腐、衬里和压力试验前进行。在高压、合金钢、有色金属设备和管道上开孔时，应采用机械加工的方法。

◆安装取源部件时，不应在焊缝及其边缘上开孔及焊接。取源阀门与设备或管道的连接不宜采用卡套式接头。当设备及管道有绝热层时，安装的取源部件应露出绝热层外。

◆在砌体和混凝土浇筑体上安装的取源部件，应在砌筑或浇筑的同时埋入，埋设深度、露出长度应符合设计和工艺要求，当无法同时安装时，应预留安装孔。

◆取源部件安装完毕后，应与设备和管道同时进行压力试验。

 此处内容以考查选择题为主，但是在21年考查了案例识图改错题。

2. 取源部件安装要求

取源部件安装要求   表1H413060-1

取源部件安装	要求
温度取源部件安装	（1）温度取源部件与管道垂直安装时，取源部件轴线应与管道轴线相垂直；与管道呈倾斜角度安装时，宜逆着物料流向，取源部件轴线应与管道轴线相交。 （2）在管道的拐弯处安装时，宜逆着物料流向，取源部件轴线应与管道轴线相重合

取源部件安装	要求
压力取源部件安装	（1）压力取源部件的安装位置应选在被测物料流束稳定的位置，其端部不应超出设备或管道的内壁。 （2）压力取源部件与温度取源部件在同一管段上时，应安装在温度取源部件的上游侧。 （3）在水平和倾斜的管道上安装压力取源部件时，取压点的方位要求： 测量气体压力时，应在管道的上半部。 测量液体压力时，应在管道的下半部与管道水平中心线成 0° ~ 45° 夹角范围内。 测量蒸汽压力时，应在管道的上半部，以及下半部与管道水平中心线成 0° ~ 45° 夹角范围内 测气体压力　　测液体压力　　测蒸汽压力 图 1H413060-1　压力取源部件时取压点的方位示意图
流量取源部件安装	在水平和倾斜的管道上安装节流装置时，取压口的方位要求： （1）测量气体流量时，应在管道的上半部。 （2）测量液体流量时，应在管道的下半部与管道水平中心线成 0° ~ 45° 夹角范围内。 （3）测量蒸汽流量时，应在管道的上半部与管道水平中心线成 0° ~ 45° 夹角范围内 测气体流量　　测液体流量　　测蒸汽流量 图 1H413060-2　流量取源部件时取压点的方位示意图
分析取源部件安装	分析取源部件应安装在压力稳定、能灵敏反映真实成分变化和取得具有代表性的分析样品的位置

（1）对于温度、压力取源部件安装要求，在 2021 年考试中考查了案例识图改错题、案例简答题、案例分析判断题。

（2）对于流量、分析取源部件安装要求，可以考查选择题、案例图改错题、案例简答题、案例分析判断题。

3. 取源部件安装位置示意图

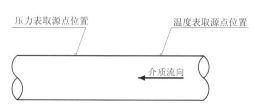

压力表取源点位置　　温度表取源点位置

介质流向

图 1H413060-3　取源部件安装位置示意图

对于案例实操题来说，案例识图改错题是常考的题型，此处就是识图改错。左图中：要求判断气体管道压力表与温度表取源部件位置是否正确？说明理由。对于回答此类问题，首先判断正误，再说明理由。左图中，气体管道压力表与温度表取源部件位置是不正确的；理由是压力取源部件与温度取源部件在同一管段上时，压力取源部件应安装在温度取源部件的上游侧。

4. 仪表设备安装要求

项目	内容
仪表设备安装的一般要求	（1）仪表中心距操作地面的高度宜为 1.2 ~ 1.5m；显示仪表应安装在便于观察示值的位置。 （2）直接安装在管道上的仪表，宜在管道吹扫后安装，当必须与管道同时安装时，在管道吹扫前应将仪表拆下。 （3）直接安装在设备或管道上的仪表在安装完毕应进行压力试验。 （4）仪表接线箱（盒）应采取密封措施，引入口不宜朝上。 （5）对仪表和仪表电源设备进行绝缘电阻测量时，应有防止弱电设备及电子元件被损坏的措施
成分分析和物性检测仪表安装	可燃气体检测器和有毒气体检测器的安装位置应根据所检测气体的密度确定，其密度大于空气时，检测器应安装在距地面 200 ~ 300mm 处，其密度小于空气时，检测器应安装在泄漏区域的上方
物位检测仪表安装	（1）浮筒液位计的安装应使浮筒呈垂直状态，垂直度允许偏差为 2mm，浮筒中心应处于正常操作液位或分界液位的高度。 （2）超声波物位计不应安装在进料口的上方；传感器宜垂直于物料表面；在信号波束角内不应有遮挡物；物料的最高物位不应进入仪表的盲区

表 1H413060-2

仪表设备安装要求

 此处一般考查选择题，直接记忆。

【考点2】自动化仪表线路及管路安装要求（☆☆☆☆）[13、17、21、22 年单选]

1. 自动化仪表线路安装要求（选择题考点）

自动化仪表线路安装要求 表 1H413060-3

项目	要求
仪表线路安装的一般要求	（1）当线路周围环境温度超过 65℃时应采取隔热措施；附近有火源时应采取防火措施。 （2）线路不宜敷设在高温设备和管道上方，也不宜敷设在具有腐蚀性液体的设备和管道的下方；线路与绝热的设备及管道绝热层之间的距离应大于或等于 200mm，与其他设备和管道之间的距离应大于或等于 150mm。 （3）线路敷设完毕，要测量电缆电线的绝缘电阻，并应进行校线和标号，在线路终端处，应加标志牌
电缆、电线及光缆敷设	（1）敷设塑料绝缘电缆时环境温度要求不低于 0℃，敷设橡皮绝缘电缆时环境温度要求不低于 –15℃。 （2）同轴电缆和高频电缆的连接应采用专用接头。 （3）在光纤连接前和光纤连接后均应对光纤进行测试；光缆的弯曲半径不应小于光缆外径的 15 倍；光缆敷设完毕，光缆端头应密封防潮。 （4）明敷设的仪表信号线路与具有强磁场和强静电场的电气设备之间的净距离宜大于 1.50m；当采用屏蔽电缆或穿金属电缆导管以及金属槽式电缆桥架内敷设时，宜大于 0.80m

2. 自动化仪表管路安装要求

自动化仪表管路安装要求   表 1H413060-4

项目	内容
仪表管路安装的一般要求	（1）仪表管道埋地敷设时，必须经试压合格和防腐处理后再埋入。直接埋地的管道连接时必须采用焊接，并应在穿过道路、沟道及进出地面处设置保护套管。 （2)高压钢管的弯曲半径宜大于管子外径的5倍,其他金属管的弯曲半径宜大于管子外径的3.5倍,塑料管的弯曲半径宜大于管子外径的4.5倍。 （3）直径小于13mm的铜管和不锈钢管，宜采用卡套式接头连接，也可采用承插法或套管法焊接连接
气动信号管道安装	（1）气动信号管道应采用紫铜管、不锈钢管或聚乙烯管、尼龙管。 （2）气动信号管道安装无法避免中间接头时，应采用卡套式接头连接；气动信号管道终端应配装可拆卸的活动连接件
气源管道安装	（1）气源管道采用镀锌钢管时，应用螺纹连接，拐弯处应采用弯头，连接处应密封，缠绕密封带或涂抹密封胶时，不得使其进入管内；采用无缝钢管时，应焊接连接，焊接时焊渣不得落入管内。 （2）气源管道末端和集液处应有排污阀，排污管口应远离仪表、电气设备和线路。水平干管上的支管引出口应在干管的上方。 （3）气源系统安装完毕后应进行吹扫，吹扫气应使用合格的仪表空气，先吹总管，再吹干管、支管及接至各仪表的管道。 （4）气源装置使用前，应按设计文件规定整定气源压力值

 直击考点 此处一般考查选择题,直接记忆。

【考点 3】自动化仪表的调试要求（☆☆☆）[15、18 年单选]

1. 自动化仪表调试的一般要求（选择题考点）

◆ 校准和试验用的标准仪器仪表基本误差的绝对值不宜超过被校准仪表基本误差绝对值的1/3。
◆ 对于施工现场不具备校准条件的仪表，可对检定合格证明的有效性进行验证。
◆ 单台仪表的校准点应在仪表全量程范围内均匀选取，一般不应少于 5 个点；回路试验时，仪表校准点不应少于 3 个点。

2. 单台仪表的校准和试验（选择题考点）

◆ 浮筒式液位计可采用干校法或湿校法校准。
◆ 称重仪表及其传感器可在安装完成后直接均匀加载标准重量进行校准。
◆ 控制阀和执行机构的试验：
阀体压力试验和阀座密封试验等项目，可对制造厂出具的产品合格证明和试验报告进行验证，对事故切断阀应进行阀座密封试验。
应进行膜头、缸体泄漏性试验以及行程试验。
事故切断阀和设计规定了全行程时间的阀门，应进行全行程时间试验。

3. 回路试验（选择题考点）

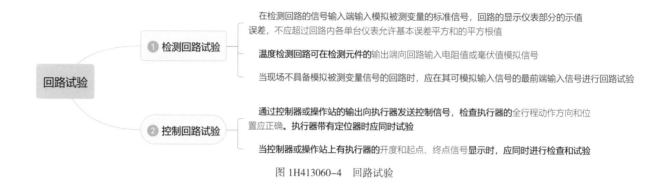

图 1H413060-4　回路试验

1H413070 防腐蚀工程施工技术

【考点1】设备及管道防腐蚀工程施工方法（☆☆☆☆）
[18、19、21、22年单选，16年案例]

1. 设备及管道防腐蚀措施（选择题考点）

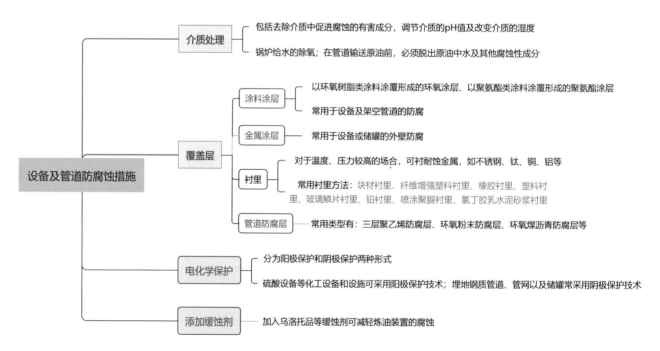

图 1H413070-1　设备及管道防腐蚀措施

2. 涂料涂层防腐蚀施工方法（选择题考点）

涂料涂层防腐蚀施工方法

表 1H413070-1

防腐蚀施工方法	内容
刷涂法	主要优点：漆膜渗透性强，可以深入到细孔、缝隙中；工具简单，投资少，操作容易，适应性强；对工件形状要求不严，节省涂料等
	缺点：劳动强度大，生产效率低，涂膜易产生刷痕，外观欠佳
	常用于小面积涂装
滚涂法	适用于较大面积工件的涂装，较刷涂法效率高
空气喷涂法	最大优点：可获得厚薄均匀、光滑平整的涂层
	缺点：空气喷涂法涂料利用率较低，对空气的污染也较严重
高压无气喷涂法	优点：克服了一般空气喷涂时，发生涂料回弹和大量漆雾飞扬的现象，不仅节省了漆料，而且减少了污染，改善着劳动条件；工作效率较一般空气喷涂提高了数倍至十几倍；涂膜质量较好
	适用于大面积的物体涂装

3. 阴极保护（选择题考点）

阴极保护

表 1H413070-2

项目	内容
强制电流阴极保护系统施工	系统组成：电源设备、辅助阳极、被保护管道与附属设施
牺牲阳极阴极保护系统施工	系统组成：牺牲阳极、被保护管道与附属设施

【考点 2】设备及管道防腐蚀工程施工技术要求（☆☆☆）[18 年案例]

1. 设备及管道防腐蚀工程施工技术要求

设备及管道防腐蚀工程施工技术要求

表 1H413070-3

项目	内容
焊缝的表面要求	应平整，并应无气孔、焊瘤和夹渣。焊缝高度应小于或等于 2mm，并平滑过渡。
	直击考点 此处内容在 2018 年考试中考查了一道案例简答题：在焊缝外表面的质量检查中，不允许的质量缺陷还有哪些？
基体表面处理的质量要求	金属热喷涂层表面处理质量等级：Sa3 级
	橡胶衬里、搪铅、纤维增强塑料衬里、树脂胶泥衬砌砖板衬里、涂料涂层、塑料板粘结衬里、玻璃鳞片衬里、喷涂聚脲衬里表面处理质量等级：Sa2.5 级
	水玻璃胶泥衬砌砖板衬里、涂料涂层、氯丁胶乳水泥砂浆衬里表面处理质量等级：Sa2 级或 St3 级
	衬铅、塑料板非粘结衬里表面处理质量等级：Sa1 级或 St2 级

2. 防腐工程表面处理工艺

防腐工程表面处理工艺　　　　　　　　　　　　　　表 1H413070-4

项目	内容
表面处理方法	工具除锈法：分为手动和动力工具除锈两种方法
	喷射除锈法：常以石英砂作为喷射除锈用磨料，称为喷砂除锈，广泛用于施工现场设备及管道涂覆前的表面处理。
	直击考点 此处内容在 2018 年考试中考查了一道案例简答题：钢筒外表面除锈应采取哪一种方法？
	抛射除锈法：常以铸钢丸作为抛射除锈用磨料，称为抛丸除锈，主要用于涂覆车间工件的金属表面处理
表面处理等级 口诀助记 **手动23，喷抛4级**	手工或动力工具除锈质量等级：分为 St2 级（彻底的手工和动力工具除锈）、St3 级（非常彻底的手工和动力工具除锈）两级
	喷射或抛射除锈质量等级：分为 Sa1 级、Sa2 级、Sa2.5 级、Sa3 级四级

直击考点 该知识点出题方式以选择题为主，偶尔考查案例题，记忆为主。

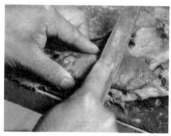　　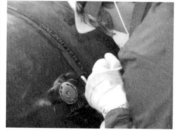　　

手工除锈　　　　　　　动力工具除锈　　　　　　喷射除锈

图 1H413070-2　防腐工程表面处理工艺

1H413080 绝热工程施工技术

【考点1】设备及管道防腐蚀工程施工方法（☆☆☆）[22 年单选]

绝热层施工方法：

◆嵌装层铺法：常用于大平面或平壁设备绝热层施工。绝热材料宜采用软质或半硬质制品。
◆捆扎法：是把绝热材料制品敷于设备及管道表面，再用捆扎材料将其扎紧、定位的方法。适用于软质毡、板、管壳，硬质、半硬质板等各类绝热材料制品的施工。捆扎材料有镀锌铁丝、包装钢带、粘胶带等。
◆拼砌法：常用于保温结构施工，特别是高温炉墙的保温层砌筑。

续表

◆缠绕法：仅适用于设计允许的小口径管道和施工困难的管道与管束，施工简单，检修方便，使用辅助材料少，并且适用于不规则的管道。
◆填充法：用粒状或棉絮状绝热材料填充到设备及管道壁外的空腔内的施工方法。
◆粘贴法：适用于各种轻质绝热材料制品，如泡沫塑料类、泡沫玻璃、半硬质或软质毡、板等。
◆浇注法：将配制好的液态原料或湿料倒入设备及管道外壁设置的模具内，使其发泡定型或养护成型的一种绝热施工方法。适合异形管件的绝热以及室外地面或地下管道绝热。
◆喷涂法：利用机械和气流技术将料液或粒料混合、输送至特制喷枪口送出，使其附着在绝热面上成型的一种施工方法。
◆涂抹法：将绝热涂料采用涂抹的方法敷设在设备及管道表面。
◆可拆卸式绝热层施工方法：将保温材料预制成金属盒等可拆卸的结构，采用螺栓等方式固定。
◆金属反射绝热结构施工方法：主要采用焊接或铆接方式施工。

 直击考点　根据近几年考试情形看，该知识点属于选择题考点，直接记忆。

【考点2】设备及管道绝热工程施工技术要求（☆☆☆☆☆）
［18、20、21年单选，15年多选，20年案例］

1. 设备及管道绝热工程绝热材料要求

◆当需要修改设计、材料代用或采用新材料时，必须经过原设计单位同意。
◆对于到达施工现场的绝热材料及其制品，必须检查其出厂合格证书或化验、物性试验记录，凡不符合设计性能要求的不予使用。有疑义时必须做抽样复核。

 直击考点　此处内容在2020年考试中考查了一道案例简答题：保温材料到达施工现场应检查哪些质量证明文件？

2. 设备及管道绝热工程中绝热层施工技术要求

设备及管道绝热工程中绝热层施工技术要求　　表 1H413080-1

项目	内容
一般规定	（1）分层施工：保温层厚度≥100mm或保冷层厚度≥80mm时，应分为两层或多层逐层施工，各层厚度宜接近。 （2）拼缝宽度：硬质或半硬质绝热制品用作保温层时，拼缝宽度≤5mm；用作保冷层时，拼缝宽度≤2mm。 （3）搭接长度：每层及层间接缝应错开，其搭接的长度宜≥100mm
捆扎法施工要求	（1）捆扎间距：硬质绝热制品捆扎间距≤400mm；半硬质绝热制品≤300mm；软质绝热制品≤200mm。 （2）捆扎方式：不得采用螺旋式缠绕捆扎；每块绝热制品上的捆扎件不得少于两道，对有振动的部位应加强捆扎；双层或多层绝热层的绝热制品，应逐层捆扎，并对各层表面进行找平和严缝处理。不允许穿孔的硬质绝热制品，钩钉位置应布置在制品的拼缝处；钻孔穿挂的硬质绝热制品，其孔缝应采用矿物棉填塞

项目	内容
浇注法施工要求	（1）聚氨酯、酚醛等泡沫塑料浇注：大面积浇注时，应设对称多点浇口，分段分片进行，浇注应均匀，并迅速封口。 （2）轻质粒料保温混凝土及浇注料浇注时应一次浇注成型，当间断浇注时，施工缝宜留在伸缩缝的位置上。 （3）试块的浇注应在浇注绝热层的同时进行
喷涂法施工要求	（1）喷涂时应均匀连续喷射，喷涂面上不应出现干料或流淌。喷涂方向应垂直于受喷面。 （2）喷涂时应由下而上，分层进行。大面积喷涂时，应分段分层进行

 选择题考点，直接记忆即可。

3．必须在膨胀移动方向的另一侧留设膨胀间隙的情形

◆填料式补偿器和波形补偿器。
◆当滑动支座高度小于绝热层厚度时。
◆相邻管道的绝热结构之间。
◆绝热结构与墙、梁、栏杆、平台、支撑等固定构件和管道所通过的孔洞之间。

4．伸缩缝留设规定

◆设备或管道采用硬质绝热制品时，应留设伸缩缝。
◆两固定管架间水平管道的绝热层应至少留设一道伸缩缝。
◆立式设备及垂直管道，应在支承件、法兰下面留设伸缩缝。
◆弯头两端的直管段上，可各留一道伸缩缝；当两弯头之间的间距较小时，其直管段上的伸缩缝可根据介质温度确定仅留一道或不留设。
◆当方形设备壳体上有加强筋板时，其绝热层可不留设伸缩缝。
◆伸缩缝留设的宽度，设备宜为25mm，管道宜为20mm。

5．防潮层施工要求（选择题考点）

防潮层施工要求   表 1H413080-2

项目	内容
玻璃纤维布复合胶泥涂抹施工	（1）立式设备和垂直管道的环向接缝，应为上搭下。卧式设备和水平管道的纵向接缝位置，应在两侧搭接，并应缝口朝下。 （2）玻璃纤维布应随第一层胶泥层边涂边贴，其环向、纵向缝的搭接宽度≥50mm，搭接处应粘贴密实，不得出现气泡或空鼓。 （3）粘贴的方式，可采用螺旋形缠绕法或平铺法。 （4）待第一层胶泥干燥后，应在玻璃纤维布表面再涂抹第二层胶泥
聚氨酯或聚氯乙烯卷材施工	粘贴可采用螺旋形缠绕法或平铺法

1H413090 炉窑砌筑工程施工技术

【考点1】炉窑及砌筑材料的分类与性能（☆☆☆）

耐火材料的分类（选择题考点）：

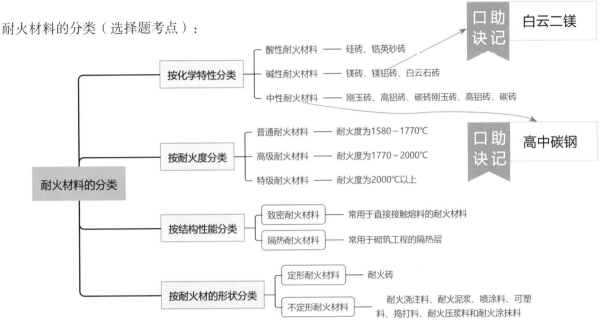

图 1H413090-1　耐火材料的分类

【考点2】炉窑砌筑施工技术要求（☆☆☆☆☆）
[14、15、16、18、20、21年单选、多选，13年案例]

1. 炉窑砌筑前工序交接的规定

炉窑砌筑前工序交接的规定　　　　　　　　　　　　　　　　表 1H413090-1

项目	内容
工序交接的技术要求	（1）炉窑的砌筑工程应于炉体骨架结构和有关设备安装完毕，经检查合格并签订交接证明书后，才可进行施工。 （2）在工序交接时，对上一工序及时进行质量检查验收并办理工序交接手续
工序交接证明书应包括的内容 口助诀记 一保两记四证明	（1）炉子中心线和控制标高的测量记录及必要的沉降观测点的测量记录。 （2）隐蔽工程的验收合格证明。 （3）炉体冷却装置，管道和炉壳的试压记录及焊接严密性试验合格证明。 （4）钢结构和炉内轨道等安装位置的主要尺寸复测记录。 （5）动态炉窑或炉子的可动部分试运行合格证明。 （6）炉内托砖板和锚固件等的位置、尺寸及焊接质量的检查合格证明。 （7）上道工序成果的保护要求

 直击考点　该知识点内容在过去的考试中一般考查选择题，直接记忆，不用深究。

2. 耐火砖砌筑的施工程序

耐火砖砌筑的施工程序　　表 1H413090-2

项目	内容
动态炉窑的施工程序	（1）动态炉窑砌筑必须在炉窑单机无负荷试运行合格并验收后方可进行。 **直击考点** 此处内容在 2013 年考试中考查了一道案例简答题：动态炉窑在什么条件下可以开始砌筑？ （2）砌筑的基本顺序（选择题考点）：从热端向冷端（或从低端向高端）→分段作业划线→选砖→配砖→分段砌筑→分段进行修砖及锁砖→膨胀缝的预留及填充
静态炉窑的施工程序（选择题考点）	静态炉窑的施工程序和动态炉窑的不同之处： （1）不必进行无负荷试运行即可进行砌筑。 （2）砌筑顺序必须自下而上进行。 （3）每环砖均可一次完成。 （4）起拱部位应从两侧向中间砌筑，并需采用拱胎压紧固定，锁砖完成后，拆除拱胎

图 1H413090-2　动态炉窑　　　　图 1H413090-3　静态炉窑

3. 耐火砖底和墙砌筑施工技术要求

耐火砖底和墙砌筑施工技术要求　　表 1H413090-3

项目	施工技术要求
耐火砖底砌筑	（1）砌筑炉底前，应预先找平基础。必要时，应在最下一层用砖加工找平。 （2）水平砖层砌筑的斜坡炉底，其工作层可退台或错台砌筑，所形成的三角部分，可用相应材质的不定形耐火材料找齐。 （3）反拱底应从中心向两侧对称砌筑。砌筑反拱底前，应用样板找准砌筑弧形拱的基面；斜坡炉底应放线砌筑。 （4）非弧形炉底、通道底的最上层砖的长边，应与炉料、金属、渣或气体的流动方向垂直，或成一交角
耐火砖墙砌筑	（1）圆形炉墙应按中心线砌筑。 （2）弧形墙应按样板放线砌筑。砌筑时，应经常用样板检查。 （3）圆形炉墙不得有三层重缝或三环通缝，上下两层重缝与相邻两环的通缝不得在同一地点。圆形炉墙的合门砖应均匀分布。 （4）砌砖时应用木槌或橡胶锤找正，不应使用铁锤。砌砖中断或返工拆砖时，应做成阶梯形的斜槎

 选择题考点，直接记忆。

4．耐火砖拱和拱顶砌筑技术要求（选择题考点）

◆不得在拱脚砖后面砌筑隔热耐火砖或硅藻土砖。

◆跨度不同的拱和拱顶宜环砌。拱和拱顶必须从两侧拱脚同时向中心对称砌筑。砌筑时，严禁将拱砖的大小头倒置。

◆锁砖应按拱和拱顶的中心线对称均匀分布。锁砖砌入拱和拱顶内的深度宜为砖长的 2/3 ～ 3/4，拱和拱顶内锁砖砌入深度应一致。不得使用砍掉厚度 1/3 以上的或砍凿长侧面使大面成楔形的锁砖，且不得在砌体上砍凿砖。

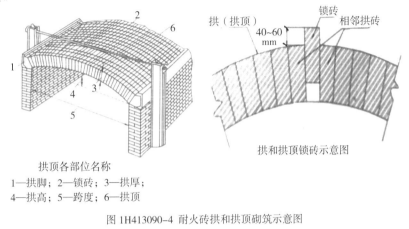

拱顶各部位名称
1—拱脚；2—锁砖；3—拱厚；
4—拱高；5—跨度；6—拱顶

拱和拱顶锁砖示意图

图 1H413090-4 耐火砖拱和拱顶砌筑示意图

5．不定形耐火材料施工技术要求

◆搅拌耐火浇注料的用水应采用洁净水。

◆应采用强制式搅拌机搅拌。

◆应在 30min 内浇注完成，已初凝的浇注料不得使用。

◆耐火浇注料的浇注，应连续进行。在前层浇注料初凝前，应将次层浇注料浇注完毕；施工缝宜留在同一排锚固砖的中心线上。

◆不承重模板，应在浇注料强度能保证其表面及棱角不因拆模而受损坏或变形时，才可拆模。承重模板应在浇注料达到设计强度 70% 之后，才可拆模。热硬性浇注料应烘烤到指定温度之后，才可拆模。

 直击考点　选择题考点，直接记忆。

6．耐火喷涂料施工技术要求（选择题考点）

◆喷涂料应采用半干法喷涂。

◆喷涂方向应垂直于受喷面，喷嘴与喷涂面的距离宜为 1 ～ 1.5m，喷嘴应不断地进行螺旋式移动，使粗细颗粒分布均匀。

◆喷涂应分段连续进行，一次喷到设计厚度，内衬较厚需分层喷涂时，应在前层喷涂料凝结前喷完次层。

◆施工中断时，宜将接槎处做成直槎，继续喷涂前应用水润湿。

◆喷涂完毕后，应及时开设膨胀缝线，可用 1 ～ 3mm 厚的楔形板压入 30 ～ 50mm 而成。

7．冬期施工的技术要求（选择题考点）

◆冬季施工期：指当室外日均气温连续五日稳定低于5℃时，即可进入冬期施工。
◆砌筑的工作地点和砌体周围温度均不应低于5℃，耐火砖和预制块在砌筑前应预热至0℃以上。
◆耐火泥浆、耐火浇注料的搅拌应在暖棚内进行，耐火泥浆、耐火可塑料、耐火喷涂料和水泥耐火浇注料等在施工时的温度均不应低于5℃。但黏土结合耐火浇注料、水玻璃耐火浇注料、磷酸盐耐火浇注料施工时的温度不宜低于10℃。
◆调制耐火浇注料的水可以加热，加热温度为：硅酸盐水泥耐火浇注料的水温不应超过60℃；高铝水泥耐火浇注料的水温不应超过30℃。水泥不得直接加温。耐火浇注料施工过程中，不得另加促凝剂。
◆水泥耐火浇注料可采用蓄热法和加热法养护。加热硅酸盐水泥耐火浇注料的温度不得超过80℃；加热高铝水泥耐火浇注料的温度不得超过30℃。
◆黏土、水玻璃、磷酸盐水泥浇注料的养护应采用干热法。水玻璃耐火浇注料的温度不得超过60℃。

8．烘炉的技术要求（可出选择题、案例题）

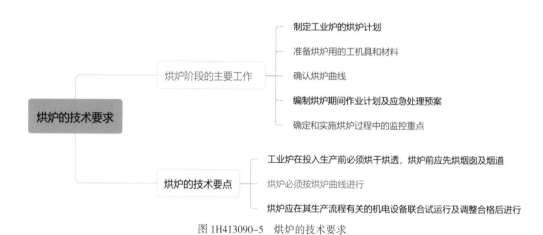

图 1H413090-5　烘炉的技术要求

1H414000 建筑机电工程施工技术

1H414010 建筑管道工程施工技术

【考点1】建筑管道工程的划分与施工程序（☆☆☆）[21年单选]

建筑管道工程施工程序：

◆室内给水工程施工程序：施工准备→预留、预埋→管道测绘放线→管道元件检验→管道支吊架制作安装→管道加工预制→给水设备安装→管道及配件安装→系统水压试验→防腐绝热→系统清洗、消毒。
◆室内排水工程施工程序：施工准备→预留、预埋→管道测绘放线→管道元件检验→管道支、吊架制作安装→管道预制→排水泵等设备安装→管道及配件安装→系统灌水试验→防腐→系统通球试验。
◆室内供暖工程施工程序：施工准备→预留、预埋→管道测绘放线→管道元件检验→管道支、吊架制作安装→管道预制→管道及配件安装→系统水压试验→防腐绝热→系统冲洗→试运行和调试。

直击考点 此处内容一般考查选择题，直接记忆。此处只列举了三种建筑管道工程施工程序，室外给水管网、室外排水管网、室外供热管网、建筑饮用水供应工程、中水系统给水管道、雨水系统排水管道施工程序就不再详细阐述，考生自行复习教材相关内容即可。

【考点2】建筑管道工程施工技术要求（☆☆☆☆☆）
[13、15、22年单选，13、17、18、19年多选，18、19、20年案例]

1．建筑管道常用的连接方法

建筑管道常用的连接方法　　　　　　　　　　　　　　　　　表 1H414010-1

连接方法	使用场合
螺纹	管径≤80mm 的镀锌钢管、明装管道、钢塑复合管
法兰	直径较大的管道；主干道连接阀门、水表、水泵等处，以及需要经常拆卸、检修的管段上
焊接	非镀锌钢管、暗装管道、直径较大的管道
沟槽	消防水、空调冷热水、给水、雨水等系统直径≥100mm 的镀锌钢管或钢塑复合管 **直击考点** 此处内容在 2011 年考试中考查了一道案例简答题：DN100 以上空调水管与设备可采用哪种连接方式？
卡套式	铝塑复合管、铜管
卡压（不锈钢）	具有保护水质卫生、抗腐蚀性强、使用寿命长等特点
热熔	PPR、HDPE 管
承插	用于给水及排水铸铁管及管件柔性连接，采用橡胶圈密封，刚性连接采用石棉水泥或膨胀性填料密封，重要场合可用铅密封

螺纹连接　　　　　　法兰连接　　　　　　焊接　　　　　　沟槽连接

卡套式连接　　　　　卡压连接　　　　　热熔连接　　　　　承插连接

图 1H414010-1　建筑管道常用的连接方法

 直击考点 该知识点出题方式以选择题为主，偶尔考查案例分析题。掌握建筑管道常用的连接方法，能够区分各连接方式的对象。

2. 室内给水管道元件检验

室内给水管道元件检验　　　　表 1H414010-2

项目	内容
阀门安装	阀门安装前，应做强度和严密性试验。试验应在每批（同牌号、同型号、同规格）数量中抽查10%，且不少于一个
	对于安装在主干管上起切断作用的闭路阀门，应逐个做强度和严密性试验
阀门试验	阀门的强度和严密性试验，应符合以下规定： （1）阀门的强度试验压力为公称压力的 1.5 倍。 （2）严密性试验压力为公称压力的 1.1 倍。 （3）试验压力在试验持续时间内应保持不变，且壳体填料及阀瓣密封面无渗漏
	阀门试压的试验持续时间应不少于以下规定

阀门试验持续时间

公称直径 DN（mm）	最短试验持续时间（s）		强度试验
	严密性试验		
	金属密封	非金属密封	
≤ 50	15	15	15
65 ~ 200	30	15	60
250 ~ 450	60	30	180

 此处内容在 2018 年考试中考查了案例计算题：第一批进场阀门按规范要求最少应抽查多少个阀门进行强度试验？其中，DN300 闸阀的强度试验压力应为多少 MPa？最短试验持续时间是多少？

3. 室内给水管道支、吊架安装

◆滑动支架应灵活，滑托与滑槽两侧间应留有 3 ~ 5mm 的间隙，纵向移动量应符合设计要求。
◆无热伸长管道的吊架、吊杆应垂直安装。
◆有热伸长管道的吊架、吊杆应向热膨胀的反方向偏移。
◆采用金属制作的管道支架，应在管道与支架间加衬非金属垫或套管。
◆金属管道立管管卡安装：楼层高度 ≤ 5m，每层必须安装 1 个；楼层高度 > 5m，每层不得少于 2 个；管卡安装高度，距地面应为 1.5 ~ 1.8m，2 个以上管卡应匀称安装，同一房间管卡应安装在同一高度上。
◆薄壁不锈钢管道安装时，公称直径不大于 25mm 的管道可采用塑料管卡。采用金属管卡或吊架时，金属管卡或吊架与管道之间应采用塑料或橡胶等隔离垫。

 此处内容一般考查选择题，注意上述数字类规定。

4. 室内给水管道及配件安装

图 1H414010-2　室内给水管道及配件安装

图 1H414010-3　防水套管

直击考点 此处内容在 2019 年考试中考查了案例识图改错题。

5. 空调供水管穿墙示意图

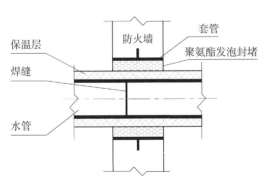

图 1H414010-4　空调供水管穿墙示意图

直击考点 此处是一道案例识图改错题，左图中：
（1）空调供水管保温层与套管四周的缝隙封堵使用的聚氨酯发泡可燃，错误。整改：空调供水管保温层与套管四周的缝隙封堵应使用不燃材料。（2）穿墙套管内的管道有焊缝接口，错误。整改：管道的接口焊缝不得设在套管内，调整管道焊缝接口位置。

6. 室内给水管道系统水压试验

直击考点 此处可以考查选择题、案例题，还需注意上述数值规定。

◆当设计未注明时，各种材质的给水管道系统试验压力均为工作压力的 1.5 倍，但不得小于 0.6MPa。
◆金属及复合管给水管道系统在试验压力下观测 10min，压力降不应大于 0.02MPa，然后降到工作压力进行检查，应不渗不漏；塑料管给水系统应在试验压力下稳压 1h，压力降不得超过 0.05MPa，然后在工作压力的 1.15 倍状态下稳压 2h，压力降不得超过 0.03MPa，同时检查各连接处不得渗漏。

7．室内给水管道防腐绝热

◆室内直埋给水管道（塑料管道和复合管道除外）应做防腐处理。
◆管道的防腐方法主要有涂漆。
◆管道绝热按其用途可分为保温、保冷、加热保护三种类型。

8．室内排水管道施工技术要求

室内排水管道施工技术要求　　　　表 1H414010-3

项目	施工技术要求
管道支、吊架安装	固定件间距：横管不大于 2m；立管不大于 3m
	楼层高度≤4m，立管可安装 1 个固定件
	管底部的弯管处应设支墩或采取固定措施
管道及配件安装	（1）排水塑料管必须按设计要求及位置装设伸缩节。如设计无要求时，伸缩节间距不得大于 4m。高层建筑中明设排水塑料管道应按设计要求设置阻火圈或防火套管。 （2）排水通气管不得与风道或烟道连接，通气管应高出屋面 300mm，但必须大于最大积雪厚度。在通气管出口 4m 以内有门、窗时，通气管应高出门、窗顶 600mm 或引向无门、窗一侧。在经常有人停留的平屋顶上，通气管应高出屋面 2m，并应根据防雷要求设置防雷装置。屋顶有隔热层应从隔热层板面算起
系统灌水试验	（1）隐蔽或埋地的排水管道在隐蔽前必须做灌水试验，其灌水高度应不低于底层卫生器具的上边缘或底层地面高度。满水 15min 水面下降后，再灌满观察 5min，液面不降，管道及接口无渗漏为合格。 （2）安装在室内的雨水管道安装后应做灌水试验，灌水高度必须到每根立管上部的雨水斗。灌水试验持续 1h，不渗不漏
系统通球试验	排水主立管及水平干管管道均应做通球试验，通球球径不小于排水管道管径的 2/3，通球率必须达到 100%

图 1H414010-5　伸缩节

图 1H414010-6　阻火圈

9．室内供暖管道施工技术要求

室内供暖管道施工技术要求 表 1H414010-4

项目	内容
管道及配件安装	（1）管道安装坡度，当设计未注明时，汽、水同向流动的热水供暖管道和汽、水同向流动的蒸汽管道及凝结水管道，坡度应为3‰，不得小于2‰；汽、水逆向流动的热水供暖管道和汽、水逆向流动的蒸汽管道，坡度不应小于5‰；散热器支管的坡度应为1%，坡向应利于排气和泄水。 （2）方形补偿器应水平安装，并与管道的坡度一致
系统水压试验	（1）供暖系统安装完毕，管道保温之前应进行水压试验。试验压力应符合设计要求。当设计未注明时，蒸汽、热水供暖系统，应以系统顶点工作压力加0.1MPa做水压试验，同时在系统顶点的试验压力不小于0.3MPa。高温热水供暖系统，试验压力应为系统顶点工作压力加0.4MPa。塑料管及复合管的热水供暖系统，应以系统顶点工作压力加0.2MPa做水压试验，同时在系统顶点的试验压力不小于0.4MPa。 （2）钢管及复合管的供暖系统应在试验压力下10min内压力降不大于0.02MPa，降至工作压力后检查，不渗、不漏；塑料管的供暖系统应在试验压力下1h内压力降不大于0.05MPa，然后降压至工作压力的1.15倍，稳压2h，压力降不大于0.03MPa，同时各连接处不渗、不漏
试运行和调试	安全阀经最终调整后，现场组装的锅炉应带负荷正常连续试运行48h，整体出厂的锅炉应带负荷正常连续试运行4～24h，并应做好试运行记录

 此处内容可以考查选择题、案例分析题，需注意上述表内数值类规定。

10．室外排水管网施工技术要求

室外排水管网施工技术要求 表 1H414010-5

项目	内容
管道安装	排水铸铁管采用水泥捻口时，油麻填塞应密实，接口水泥应密实饱满，其接口面凹入承口边缘且深度不得大于2mm
	承插接口的排水管道安装时，管道和管件的承口应与水流方向相反
系统灌水、通水试验	（1）管道埋设前必须做灌水试验和通水试验，排水应畅通，无堵塞，管接口无渗漏。 （2）按排水检查井分段试验，试验水头应以试验段上游管顶加1m，时间不少于30min，逐段观察

11．室外供热管网施工技术要求（选择题考点）

◆供热管道的水压试验压力应为工作压力的1.5倍，但不得小于0.6MPa。在试验压力下10min内压力降不大于0.05MPa，然后降至工作压力下检查，不渗不漏。
◆预制直埋保温管接头安装完成后，必须全部进行气密性检验，检验压力应为0.02MPa，压力稳定后采用涂上肥皂水的方法检查，无气泡为合格。
◆管道冲洗完毕应通水、加热，进行试运行和调试，测量各建筑物热力入口处供回水温度及压力。

12. 建筑中水及雨水利用工程施工技术要求（选择题考点）

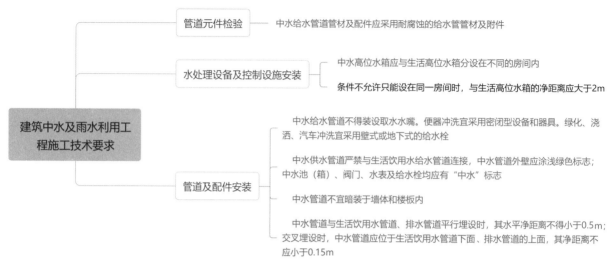

图1H414010-7　建筑中水及雨水利用工程施工技术要求

13. 高层建筑管道安装的技术措施

 此处一般考查选择题，直接记忆。

◆妥善处理好排水管道的通气问题，保证供排水安全通畅。

◆合理地设置给水、热水系统的竖向分区，确保管道系统安全可靠地运行。设计时必须对给水系统和热水系统进行合理的竖向分区并加设减压设备。

◆设置安全可靠的室内消防给水系统及室外补水系统，管道保温及管道井、穿墙套管的封堵应使用阻燃材料。金属排水管道穿楼板和防火墙的洞口间隙、套管间隙应采用防火材料封堵。高层建筑中明设管径大于或等于DN110的塑料排水立管穿越楼板时，应在楼板下侧管道上设置阻火圈。

◆必须考虑管道的防振、降噪措施。采取必要的减振隔离或加设柔性连接等措施。

◆当给水管道必须穿越抗震缝时宜靠近建筑物的下部穿越，且应在抗震缝两边各装一个柔性管接头或在通过抗震缝处安装门形弯头或设置伸缩节。

◆给水排水及室内雨水落管道应在结构封顶并经初沉后进行施工，当因赶工需同步安装时，则应先安装建筑物内的管道，等结构封顶初沉后再穿外墙做出户管道。

◆高层建筑的重力流雨水系统可用镀锌焊接钢管，超高层建筑的重力流雨水系统可采用镀锌无缝钢管和球墨铸铁管；高层和超高层建筑的虹吸式雨水系统的管道，可采用高密度聚乙烯（HDPE）管、不锈钢管、涂塑钢管、镀锌钢管、铸铁管等材料。

◆高层、超高层建筑管道采用大管道闭式循环冲洗技术。

1H414020　建筑电气工程施工技术

【考点1】建筑电气工程的划分与施工程序（☆☆☆）[14年案例]

 本考点可以出紧前紧后工序的选择题，还可以出案例补充题、案例简答题

1．变配电工程施工程序

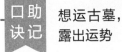
口助诀记　想运古墓，露出运势

◆ 配电柜（开关柜）的安装程序：开箱检查→二次搬运→基础框架制作安装→柜体固定→母线连接→二次线路连接→试验调整→送电运行验收。
◆ 干式变压器的施工程序：开箱检查→变压器二次搬运→变压器本体安装→附件安装→变压器交接试验→送电前检查→送电运行验收。

直击考点　配电柜（开关柜）的安装程序在 2014 年的考试中考查了一道案例简答题：配电柜在 6 月 30 日前应完成哪些安装工序？

2．供电干线施工程序

◆ 母线槽施工程序：开箱检查→支架安装→单节母线槽绝缘测试→母线槽安装→通电前绝缘测试→送电验收。
◆ 金属导管施工程序：测量定位→支架制作、安装（明导管敷设时）→导管预制→导管连接→接地线跨接。

3．电气动力工程施工程序

◆ 明装动力配电箱施工程序：基础框架制作、安装→配电箱安装固定→导线连接→送电前检查→送电运行。
◆ 动力设备施工程序：设备开箱检查→设备安装→电动机检查、接线→电机干燥（受潮时）→控制设备安装→送电前的检查→送电运行。

4．照明灯具的施工程序

◆ 灯具开箱检查→灯具组装→灯具安装接线→送电前的检查→送电运行。

【考点 2】建筑电气工程施工技术要求（☆☆☆☆☆）
［15、19、21、22 年单选，19、20 年多选，14、18、19 年案例］

1．母线槽施工技术要求

母线槽施工技术要求　　　　　　　　　　　表 1H414020-1

项目	施工技术要求
母线槽支架安装要求（案例识图改错题）	（1）母线槽支架采用金属吊架固定时，应设有防晃支架。 （2）室内配电母线槽的圆钢吊架直径不得小于 8mm，室内照明母线槽的圆钢吊架直径不得小于 6mm。 （3）水平或垂直敷设的母线槽，每节不得少于一个支架，距拐弯 0.4 ~ 0.6m 处应设置支架，固定点位置不应设置在母线槽的连接处或分接单元处

项目	施工技术要求
母线槽安装及连接要求（案例简答题） 图 1H414020-1　母线槽	（1）母线槽直线段安装应平直，配电母线槽水平度与垂直度偏差不宜大于 1.5‰，全长最大偏差不宜大于 20mm；照明母线槽水平偏差全长不应大于 5mm，垂直偏差不应大于 10mm。母线应与外壳同心，允许偏差应为 ±5mm。 （2）母线槽直线敷设长度超过 80m，每 50～60m 宜设置伸缩节。 （3）母线槽不宜安装在水管的正下方。母线连接的接触电阻应小于 0.1Ω。 （4）母线槽段与段的连接口不应设置在穿越楼板或墙体处，垂直穿越楼板处应设置与建（构）筑物固定的专用部件支座，其孔洞四周应设置高度为 50mm 及以上的防水台，并应采取防火封堵措施。 （5）母线槽连接后不应使母线及外壳受额外应力；母线槽连接用部件的防护等级应与母线槽本体的防护等级一致。 （6）母线槽的金属外壳等外露可导电部分应与保护导体可靠连接，每段母线槽的金属外壳间应连接可靠，且母线槽全长与保护导体可靠连接不应少于 2 处；分支母线槽的金属外壳末端应与保护导体可靠连接
母线槽通电前检查	母线槽通电运行前应进行检验或试验，高压母线交流工频耐压试验应符合交接试验规定；低压母线绝缘电阻值不应小于 0.5MΩ

直击考点　（1）此处内容可以考查案例简答题、案例识图改错题，上述内容数值类规定较多，考生要牢记。
（2）对于母线槽安装及连接要求，在 2014 年的考试中考查了一道案例简答题：写出插接式母线槽施工技术要求。

2. 母线槽安装平面示意图

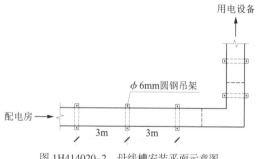

用电设备
φ6mm圆钢吊架
配电房→
3m　　3m

图 1H414020-2　母线槽安装平面示意图

直击考点　案例识图改错题是典型的案例题的考核形式。上图中，吊架圆钢直径为 6mm 不符合规范要求，圆钢直径应不小于 8mm；吊架间距为 3m 不符合要求，吊架间距应不大于 2m；母线槽转弯处仅 1 副吊架不符合规范要求，应在转弯处增设一副吊架。

3. 梯架、托盘和槽盒施工技术要求（选择题考点）

直击考点　对于金属梯架、托盘和槽盒安装要求，需掌握电缆最小允许弯曲半径。

梯架、托盘和槽盒施工技术要求　　　　表 1H414020-2

项目	施工技术要求
支架安装要求	（1）水平安装的支架间距宜为 1.5～3.0m，垂直安装的支架间距不应大于 2m。 （2）采用金属吊架固定时，圆钢直径不得小于 8mm，并应有防晃支架，在分支处或端部 0.3～0.5m 处应有固定支架
金属梯架、托盘和槽盒的接地跨接要求	（1）金属梯架、托盘和槽盒全长不大于 30m 时，不应少于 2 处与保护导体可靠连接。 （2）全长大于 30m 时，每隔 20～30m 应增加一个接地连接点。 （3）镀锌金属梯架、托盘和槽盒之间不跨接保护连接导体时，连接板每端不应少于 2 个有防松螺帽或防松垫圈的连接固定螺栓

4．导管施工技术要求

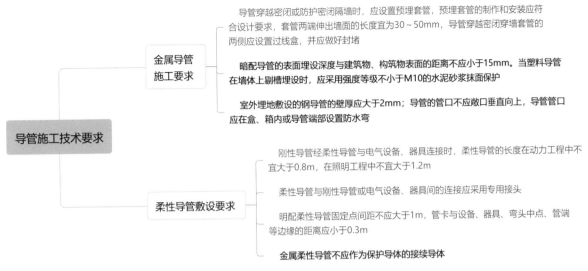

导管施工技术要求

- **金属导管施工要求**
  - 导管穿越密闭或防护密闭隔墙时，应设置预埋套管，预埋套管的制作和安装应符合设计要求，套管两端伸出墙面的长度宜为30～50mm，导管穿越密闭穿墙套管的两侧应设置过线盒，并应做好封堵
  - **暗配导管的表面埋设深度与建筑物、构筑物表面的距离不应小于15mm。当塑料导管在墙体上剔槽埋设时，应采用强度等级不小于M10的水泥砂浆抹面保护**
  - 室外埋地敷设的钢导管的壁厚应大于2mm；导管的管口不应敞口垂直向上，导管管口应在盒、箱内或导管端部设置防水弯

- **柔性导管敷设要求**
  - 刚性导管经柔性导管与电气设备、器具连接时，柔性导管的长度在动力工程中不宜大于0.8m，在照明工程中不宜大于1.2m
  - 柔性导管与刚性导管或电气设备、器具间的连接应采用专用接头
  - 明配柔性导管固定点间距不应大于1m，管卡与设备、器具、弯头中点、管端等边缘的距离应小于0.3m
  - **金属柔性导管不应作为保护导体的接续导体**

图 1H414020-3　导管施工技术要求

（1）此处可以出选择题、案例识图改错题、案例简答题，在理解的基础上记忆。

（2）对于柔性导管敷设要求，在 2018 年考试中考查了案例简答题：柔性导管长度和与电气设备连接有哪些要求？

5．导管内穿线要求（选择题考点）

◆绝缘导线接头应设置在专用接线盒（箱）或器具内，不得设置在导管和槽盒内，接线盒（箱）的设置位置应便于检修。

◆同一交流回路的绝缘导线不应敷设于不同的金属槽盒内或穿于不同金属导管内。

◆不同回路、不同电压等级和交流与直流线路的绝缘导线不应穿于同一导管内。

6．照明配电箱安装技术要求

照明配电箱安装技术要求　　　　　　　　　　　　表 1H414020-3

项目	内容
照明配电箱安装要求	（1）箱体垂直度允许偏差不应大于 1.5‰。 （2）照明配电箱不应设置在水管的正下方
照明配电箱内配线要求	（1）同一电器器件端子上的导线连接不应多于 2 根，防松垫圈等零件应齐全。 （2）汇流排上同一端子不应连接不同回路的 N 线或 PE 线
电涌保护器 SPD 安装要求	（1）照明配电箱内电涌保护器 SPD 的型号规格及安装布置应符合设计要求。 （2）SPD 的接线形式应符合设计要求，接地导线的位置不宜靠近出线位置，SPD 的连接导线应平直、足够短，且不宜大于 0.5m

（1）对于照明配电箱安装技术要求，在 2014 年的考试中考查了一道案例简答题：写出照明配电箱的安装技术要求。

（2）对于电涌保护器 SPD 安装要求，此处内容在 2018 年的考试中考查了一道案例简答题：本工程电涌保护器接地导线位置和连接导线长度有哪些要求？

7. 灯具安装技术要求

灯具安装技术要求　　　　　　　　　　　　　　　　　　　　　　　表 1H414020-4

项目	内容
灯具现场检查要求	（1）Ⅰ类灯具的外露可导电部分应具有专用的 PE 端子。 （2）消防应急灯具应获得消防产品型式试验合格评定，且具有认证标志。 （3）灯具内部接线应为铜芯绝缘导线，其截面应与灯具功率相匹配，且不应小于 0.5mm²。 （4）灯具的绝缘电阻值不应小于 2MΩ，灯具内绝缘导线的绝缘层厚度不应小于 0.6mm
灯具固定要求	（1）灯具固定应牢固可靠，在砌体和混凝土结构上严禁使用木榫、尼龙塞或塑料塞固定；检查时按每检验批的灯具数量抽查 5%，且不得少于 1 套。 （2）质量大于 10kg 的灯具、固定装置及悬吊装置应按灯具重量的 5 倍恒定均布载荷做强度试验，且持续时间不得少于 15min。 （3）吸顶或墙面上安装的灯具，其固定螺栓或螺钉不应少于 2 个，灯具应紧贴饰面。 （4）质量大于 3kg 的悬吊灯具，固定在螺栓或预埋吊钩上，螺栓或预埋吊钩的直径不应小于灯具挂销直径，且不应小于 6mm
灯具的接地要求	（1）Ⅰ类灯具的防触电保护不仅依靠基本绝缘，还需把外露可导电部分连接到保护导体上，因此Ⅰ类灯具外露可导电部分必须采用铜芯软导线与保护导体可靠连接，连接处应设置接地标识；铜芯软导线（接地线）的截面应与进入灯具的电源线截面相同，导线间的连接应采用导线连接器或缠绕搪锡连接。 （2）Ⅱ类灯具的防触电保护不仅依靠基本绝缘，还具有双重绝缘或加强绝缘，因此Ⅱ类灯具外壳不需要与保护导体连接。 （3）Ⅲ类灯具的防触电保护是依靠安全特低电压，电源电压不超过交流 50V，采用隔离变压器供电。因此Ⅲ类灯具的外壳不容许与保护导体连接

 此处可以出选择题、案例简答题，直接记忆。

8. 照明配电回路示意图

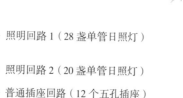

图 1H414020-4　照明配电回路示意图

此处是案例识图改错题，要求判断照明配电箱共有几个回路负荷分配不合理？左图中：（1）照明回路 1 有 28 盏单管日照灯，这是不合理的。因为照明配电箱内每一单相分支回路的灯具数量不宜超过 25 个。（2）普通插座回路中有 12 个五孔插座，也是不合理的。因为插座为单独回路时，数量不宜超过 10 个。（3）计算机插座回路中有 8 个五孔插座，也是不合理的。因为用于计算机电源插座数量不宜超过 5 个。综上所述，照明配电箱共有 3 个回路负荷分配不合理。

9. 灯具安装示意图

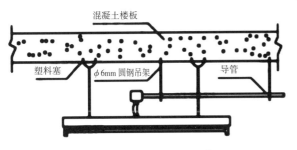

图 1H414020-5 灯具安装示意图

直击考点 案例识图改错题是典型的案例分析题考核形式，左图中：（1）灯具安装采用塑料塞固定错误；灯具在混凝土结构上严禁使用木楔、尼龙塞或塑料塞固定，应采用预埋吊钩、膨胀螺栓等安装固定，安装应牢固可靠。（2）金属导管采用 ϕ6mm 圆钢吊架错误；导管吊架安装应牢固，圆钢吊架直径不得小于 8mm，并应设置防晃支架。

10. 插座安装技术要求

◆插座宜由单独的回路配电，一个房间内的插座宜由同一回路配电。
◆插座距地面高度一般为 0.3m，托儿所、幼儿园及小学校的插座距地面高度不宜小于 1.8m，同一场所安装的插座高度应一致。
◆单相两孔插座，面对插座板，右孔（或上孔）与相线（L）连接，左孔（或下孔）与中性线（N）连接。
◆单相三孔插座，面对插座板，右孔与相线（L）连接，左孔与中性线（N）连接，上孔与保护接地线（PE）连接。
◆三相四孔及三相五孔插座的保护接地线（PE）应接在上孔；插座的保护接地线端子不得与中性线端子连接；同一场所的三相插座，其接线的相序应一致。
◆保护接地线（PE）在插座之间不得串联连接。
◆相线（L）与中性线（N）不应利用插座本体的接线端子转接供电。

直击考点 该知识点属于案例考点内容，考查的题型是识图并要求画出正确的示意图。

11. 建筑接地工程施工技术要求

建筑接地工程施工技术要求 表 1H414020-5

项目	内容
接地装置的敷设要求 小结：扁扁 –2 倍 – 三焊 圆角 –6 倍 – 双焊 圆扁 –6 倍 – 双焊	（1）扁钢与扁钢搭接不应小于扁钢宽度的 2 倍，且应至少三面施焊。 **直击考点** 此处内容在 2019 年考试中考查了案例简答题、案例识图并画出正确的图示：绘出正确的扁钢焊接搭接示意图。扁钢与扁钢搭接至少几面施焊？ （2）圆钢与角钢搭接不应小于圆钢直径的 6 倍，且应双面施焊。 （3）圆钢与角钢搭接不应小于圆钢直径的 6 倍，且应双面施焊。 （4）扁钢与钢管、扁钢与角钢焊接，应紧贴角钢外侧两面，或紧贴 3/4 钢管表面，上下两侧施焊
降低接地电阻方法	可采用降阻剂、换土和接地模块来降低接地电阻
接地模块施工要求	（1）接地模块的顶面埋深不应小于 0.6m，接地模块间距不应小于模块长度的 3～5 倍。 （2）接地模块应集中引线，并应采用干线将接地模块并联焊接成一个环路，干线的材质应与接地模块焊接点的材质相同，引出线不应少于 2 处
等电位联结要求	（1）等电位联结的外露可导电部分或外界可导电部分的连接应可靠。 （2）等电位联结的卫生间内金属部件或零件的外界可导电部分，应设置专用接线螺栓与等电位联结导体连接，并应设置标识

扁钢与扁钢　　　　　　圆钢与圆钢　　　　　　扁钢与圆钢

图 1H414020-6　接地装置搭接示意图

 此部分内容可以出选择题，也可以出案例题简答题、案例识图改错题，建议理解＋记忆。

12．40×4 镀锌扁钢焊接搭接示意图

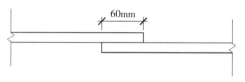

图 1H414040-7　40×4 镀锌扁钢焊接搭接示意图

 左图要求会判断正确与否，有时还要求画出正确的扁钢焊接搭接示意图。左图中，40×4 镀锌扁钢的焊接搭接，不应小于扁钢宽度的 2 倍，40×2 = 80mm，因此左图中搭接长度为 80mm。

1H414030 通风与空调工程施工技术

【考点 1】通风与空调工程的划分与施工程序（☆☆☆）[17、21 年案例]

1．空调系统类别

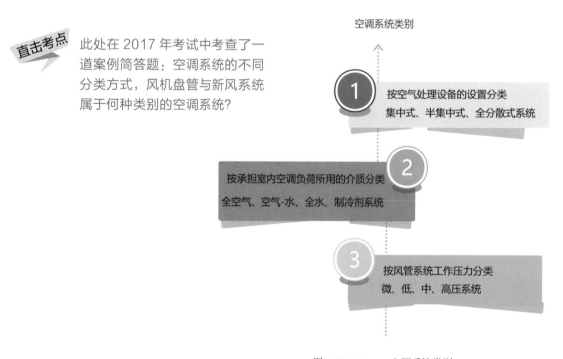

图 1H414030-1　空调系统类别

2．通风与空调工程施工程序（注意排序，尤其是紧前紧后工序）

通风与空调工程施工程序　　　　　　表 1H414030-1

项目	程序
风管及部件制作与安装施工程序	金属风管安装施工顺序：测量放线→支、吊架制作→支、吊架定位安装→风管检查→组合连接→风管调整→漏风量测试→质量检查 **直击考点** 此处可能考查案例分析判断题。
	风管漏风量测试施工顺序：风管漏风量测试抽样方案确定→风管检查→测试仪器仪表检查校准→现场测试→现场数据记录→质量检查
设备安装施工程序	制冷机组安装施工顺序：基础验收→机组运输吊装→机组减振安装→机组就位安装→机组配管安装→质量检查
	水泵安装施工顺序：基础验收→减振装置安装→水泵就位→找正找平→配管及附件安装→质量检查
	多联机系统安装施工顺序：基础验收→室外机吊装→设备减振安装→室外机安装→室内机安装→管道连接→管道试验强度及真空试验→系统充制冷剂→调试运行→质量检查
系统调试施工程序	通风空调系统联合试运行顺序：调试前系统检查→通风空调系统的风量、水量测定与调整→空调自动控制系统调试调整→数据记录→质量检查
	防排烟系统联合试运行顺序：系统检查→机械正压送风系统测试与调整→机械排烟系统测试与调整→联合试运行参数的测试与调整→数据记录→质量检查

【考点2】通风与空调工程施工技术要求（☆☆☆☆☆）
[21、22年单选，17、20年多选，15、16、19、20、21、22年案例]

1．风管制作

风管制作　　　　　　表 1H414030-2

项目	施工技术要求
一般规定	（1）镀锌钢板及含有各类复合保护层的钢板应采用咬口连接或铆接，不得采用焊接连接。 （2）防火风管的本体、框架与固定材料、密封垫料等必须为不燃材料。 （3）矩形内斜线和内弧形弯头应设导流片，以减少风管局部阻力和噪声
镀锌钢板风管制作	（1）当设计无规定时，镀锌钢板的镀锌层厚度不应采用低于 $80g/m^2$ 板材。风管表面应平整，无明显扭曲及翘角，凹凸不应大于 10mm。风管板材拼接的接缝应错开，不得有十字形接缝。 **直击考点** 此处考查过案例分析改错题。 （2）风管板材采用咬口连接时，咬口的形式有单咬口、联合角咬口、转角咬口、按扣式咬口和立咬口。按扣式咬口适用于微、低、中压系统，单、联合、转角咬口方式适用于微、低、中及高压系统。 （3）风管的加固形式有：角钢加固、折角加固、立咬口加固、扁钢内支撑、镀锌螺杆内支撑、钢管内支撑加固。 （4）矩形风管的弯头可采用直角、弧形或内斜线型，宜采用内外同心圆弧

项目	施工技术要求
普通钢板风管制作	当风管与法兰采用点焊固定连接时，焊缝应熔合良好，间距不大于100mm
不锈钢板风管制作	不锈钢风管法兰采用不锈钢材质，法兰与风管采用内侧满焊、外侧点焊的形式。加固法兰采用两侧点焊的形式与风管固定，点焊的间距不大于150mm
玻璃钢风管制作	玻璃钢风管法兰螺栓孔的间距不得大于120mm。矩形玻璃钢风管的边长大于900mm，且管段长度大于1250mm时，应加固

| 单咬口 | 联合角咬口 | 转角咬口 | 按扣式咬口 | 立咬口 |

图 1H414030-2　咬口连接示意图

2. 柔性短管制作

◆应采用抗腐、防潮、不透气及不易霉变的柔性材料。

◆柔性短管的长度宜为150～250mm，接缝的缝制或粘接应牢固、可靠，不应有开裂；成型短管应平整，无扭曲等现象。

◆柔性短管不应为异径连接管；矩形柔性短管与风管连接不得采用抱箍固定的形式。

◆柔性短管与法兰组装宜采用压板铆接连接，铆钉间距宜为60～80mm。

 此处内容可以考查选择题、案例简答题、案例补充题、案例分析改错题，要注意上述标注颜色字体内容。

3. 风管系统安装（可以出选择题、案例简答题、案例识图改错题）

风管系统安装　　　　　　　　　　　　　表 1H414030-3

项目	施工技术要求
一般规定	（1）当风管穿过需要封闭的防火、防爆的墙体或楼板时，必须设置厚度不小于1.6mm的钢制防护套管；风管与防护套管之间，应采用不燃柔性材料封堵严密。 （2）风管内严禁其他管线穿越。室外风管系统的拉索等金属固定件严禁与避雷针或避雷网连接。 （3）输送含有易燃、易爆气体或安装在易燃、易爆环境的风管系统必须设置可靠的防静电接地装置。 （4）输送含有易燃、易爆气体的风管通过生活区或其他辅助生产房间时不得设置接口

续表

项目	施工技术要求
金属风管安装	（1）支吊架安装： ①金属风管水平安装，直径或边长≤400mm时，支、吊架间距不应大于4m；大于400mm时，间距不应大于3m。 ②支、吊架的设置不应影响阀门、自控机构的正常动作，且不应设置在风口、检查门处，离风口和分支管的距离不宜小于200mm。 ③悬吊的水平主、干风管直线长度大于20m时，应设置防晃支架或防止摆动的固定点
	（2）风管安装： ①风管法兰的垫片厚度不应小于3mm。垫片不应凸入管内，且不宜突出法兰外；垫片接口交叉长度不应小于30mm。 ②明装风管水平安装时，水平度的允许偏差应为3‰，总偏差不应大于20mm；明装风管垂直安装时，垂直度的允许偏差应为2‰，总偏差不应大于20mm
	（3）柔性短管安装： 可伸缩金属或非金属柔性风管的长度不宜大于2m。柔性风管支、吊架的间距不应大于1500mm，承托的座或箍的宽度不应小于25mm，两支架间风道的最大允许下垂应为100mm，且不应有死弯或塌凹
阀门、部件安装	（1）风阀安装：直径或长边尺寸≥630mm的防火阀，应设独立支、吊架。除尘系统吸入管段的调节阀，宜安装在垂直管段上。 **直击考点** 此处内容在二建2020年考试中考查了案例识图改错题。
	（2）消声器及静压箱安装：消声器及静压箱安装时，应设置独立支、吊架，固定应牢固。当采用回风箱作为静压箱时，回风口处应设置过滤网。 （3）风口的安装：明装无吊顶的风口，安装位置和标高允许偏差应为10mm

4. 风管防火阀安装图

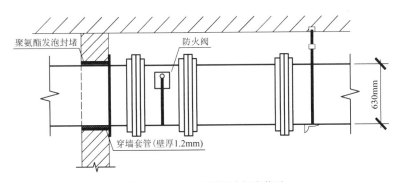

图 1H414030-3   风管防火阀安装图

 上图是一道典型的案例实操题的考核题型，要求识图改错。上图中：风管与防护套管之间用聚氨酯发泡封堵，穿墙套管管壁厚度1.2mm，防火阀未设置独立支、吊架，不符合规范要求；改正：风管与穿墙套管之间选用不燃柔性材料，穿墙套管管壁厚度不小于1.6mm，边长大于等于630mm的防火阀应设置独立的支、吊架。

5．风管制作安装的检验与试验

◆风管批量制作前，对风管制作工艺进行检测或检验时，应进行风管强度与严密性试验。如试验压力，低压风管为 1.5 倍的工作压力；中压风管为 1.2 倍的工作压力，且不低于 750Pa；高压风管为 1.2 倍的工作压力。排烟、除尘、低温送风及变风量空调系统风管的严密性应符合中压风管的规定。

◆风管系统安装完成后，应对安装后的主、干风管分段进行严密性试验。严密性检验，主要检验风管、部件制作加工后的咬口缝、铆接孔、风管的法兰翻边、风管管段之间的连接严密性，检验合格后方能交付下道工序。

 （1）对于该考点，可以考查选择题、案例题，在理解的基础上记忆。

（2）该考点在 2016 年考试中考查了案例简答题：项目部在风管批量制作前及风管安装完成后还应进行哪些试验与检测？

6．水系统管道安装技术要求

水系统管道安装技术要求　　　　　　　　　　　　　表 1H414030-4

项目	施工技术要求
冷冻冷却水管道安装	（1）管道焊接对口平直度的允许偏差应为 1%，全长不应大于 10mm。管道与设备的固定焊口应远离设备，且不宜与设备接口中心线相重合。 （2）管道与水泵、制冷机组的接口应为柔性接管，且不得强行对口连接。 （3）管道穿越墙体或楼板处应设钢制套管，管道接口不得置于套管内，钢制套管应与墙体饰面或楼板底部平齐，上部应高出楼层地面 20～50mm，且不得将套管作为管道支撑
冷凝水管道安装	当设计无要求时，管道坡度宜大于或等于 8‰，且应坡向出水口（此处在 2022 年考查了案例识图改错题）

 此处内容可以考查选择题、案例简答题、案例补充题、案例分析改错题，要注意上述标注颜色字体内容。

7．空调冷热水管道示意图

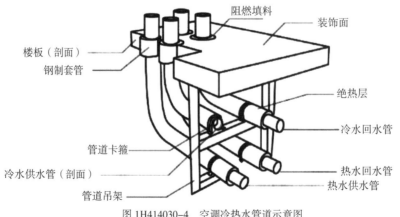

图 1H414030-4　空调冷热水管道示意图

094

上图是一道典型的案例实操题的考核题型，要求识图并改错。图 1H414030-4 中：（1）管道穿楼板的钢制套管顶部与装饰面齐平，错误；改正：管道穿楼板的钢制套管顶部应高出装饰面 20 ~ 50mm，且不得将套管作为管道支撑。（2）管道穿楼板采用阻燃材料封堵，错误；改正：应采用不燃材料封堵。（3）热水管在冷水管的下方，错误；改正：热水管应设置在冷水管的上方。

8. 补偿器的安装

◆波纹管膨胀节或补偿器内套有焊缝的一端，水平管路上应安装在水流的流入端，垂直管路上应安装在上端（此处在 2021 年考查了案例识图改错题）。

9. 工艺管道节点安装示意图

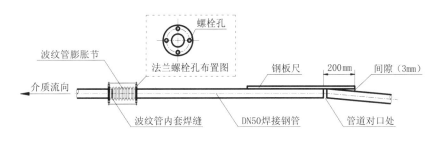

图 1H414030-5　工艺管道节点安装示意图

 上图是一道典型的案例实操题的考核题型，要求识图并说明错误原因。上图中：（1）波纹膨胀节内套焊缝朝向介质流向相反（内套焊缝朝向错误）。（2）法兰螺栓孔中心线与管道铅锤线重合，与管道水平中心线重合。（3）管道对口偏差 3mm，超过 2mm。

10. 冷冻、冷却水管道水压试验

◆管道系统安装完毕，外观检查合格后，应按设计要求进行水压试验。
◆冷（热）水、冷却水与蓄能（冷、热）系统的试验压力，当工作压力小于等于 1.0MPa 时，应为 1.5 倍工作压力，最低不应小于 0.6MPa；当工作压力大于 1.0MPa 时，应为工作压力加 0.5MPa。
◆系统最低点压力升至试验压力后，应稳压 10min，压力下降不应大于 0.02MPa，然后应将系统压力降至工作压力，外观检查无渗漏为合格。
◆各类耐压塑料管的强度试验压力（冷水）应为 1.5 倍工作压力，且不应小于 0.9MPa；严密性试验压力应为 1.15 倍设计工作压力。

 此处内容在 2019 年考查了案例计算题。

11. 设备安装施工技术要求

设备安装施工技术要求 表 1H414030-5

项目	施工技术要求
冷却塔安装要求	（1）基础的位置、标高应符合设计要求，允许误差应为 ±20mm，进风侧距建筑物应大于1m。冷却塔部件与基座的连接应采用镀锌或不锈钢螺栓。 （2）冷却塔安装应水平，单台冷却塔的水平度和垂直度允许偏差应为2‰。多台冷却塔安装时，排列应整齐，各台开式冷却塔的水面高度应一致，高度偏差值不应大于30mm。 （3）冷却塔的集水盘应严密、无渗漏，进、出水口的方向和位置应正确。静止分水器的布水应均匀。转动布水器喷水出口方向应一致，转动应灵活，水量应符合设计或产品技术文件的要求
风机盘管安装要求	（1）机组安装前宜进行风机三速试运行及盘管水压试验。试验压力应为系统工作压力的1.5倍，试验观察时间应为2min，不渗漏为合格。 （2）机组应设独立支、吊架，固定应牢固，高度与坡度应正确。 （3）风机盘管机组与管道的连接，应采用耐压值大于或等于1.5倍工作压力的金属或非金属柔性连接，连接应牢固

 对于冷却塔安装要求，在2015年考试中的案例二考查了案例分析判断题、案例简答题：本工程冷却塔安装位置能否满足其进风要求，说明理由。塔体安装还应符合哪些要求？

对于风机盘管安装要求，在2022年考试中的案例一考查了案例简答题、案例识图改错题：风机盘管安装前应进行哪些试验？风机盘管机组安装示意图中的风机盘管安装存在哪些错误？如何整改？

12. 水泵安装示意图

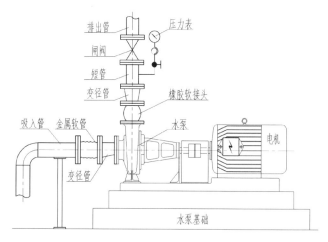

图 1H414030-6　水泵安装示意图

 该水泵的水平吸入管向泵的吸入口方向倾斜，斜度为8‰，泵的吸入口前直管段长度为泵吸入口直径的5倍，水泵扬程为80m。上图是一道案例识图改错题，上图中：泵吸入管上安装金属软管错误，改正：应为橡胶软接头；泵排出管上的变径管位置错误，改正：应当安装在泵的出口处；由于水泵扬程大于80m，排出管路上的闸阀前没有安装止回阀错误，改正：排出管路上的闸阀前应安装止回阀。

13. 风机盘管机组安装示意图

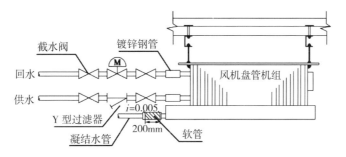

图 1H414030-7　风机盘管机组安装示意图

上图是一道案例识图改错题。上图中：风机盘管机组与冷冻水回水采用镀锌钢管，错误，改正：风机盘管机组及其他空调设备与管道的连接，应采用金属或非金属柔性接管；冷凝水管坡度为 $i=0.005$，错误，改正：管道坡度宜大于或等于8‰，且应坡向出水口；冷凝水管与风机盘管的软管，长度为长度200mm，错误，改正：冷凝水管与风机盘管连接时，宜设置透明胶管，长度不宜大于150mm；冷凝水管 Y 型过滤器安装方向相反，错误，改正：调转冷凝水管 Y 型过滤器安装方向（水平旋转180°），使过滤器朝向右。

14. 风管及管道绝热施工要求

◆风管、部件及空调设备绝热工程施工应在风管系统严密性试验合格后进行。空调水系统和制冷系统管道的绝热施工，应在管路系统强度与严密性检验合格和防腐处理结束后进行。

◆绝热层应满铺。当采用卷材或板材时，允许偏差应为5mm；当采用涂抹或其他方式时，允许偏差应为10mm。

◆立管的防潮层环向搭接缝口应顺水流方向设置；水平管的纵向缝应位于管道的侧面，并应顺水流方向设置；带有防潮层绝热材料的拼接缝应采用粘胶带封严，缝两侧粘胶带粘接的宽度不应小于20mm。

◆橡塑绝热材料的施工：绝热层的纵、横向接缝应错开，缝间不应有孔隙，与管道表面应贴合紧密，不应有气泡。矩形风管绝热层的纵向接缝宜处于管道上部。

◆管道采用玻璃棉或岩棉管壳保温时，管壳规格与管道外径应相匹配，管壳的纵向接缝应错开，管壳应采用金属丝、粘结带等捆扎，间距应为 300 ~ 350mm，且每节至少应捆扎两道。（此处在 2022 年考查了案例分析改错题）

此处内容可考查选择题、案例分析改错题、案例简答题，要对上述内容熟悉并理解记忆。

15. 多联机系统施工技术要求

多联机系统施工技术要求　　　　　　　　　　　　　　表 1H414030-6

项目	施工技术要求
制冷剂管道、管件安装	（1）制冷剂管道弯管的弯曲半径不应小于3.5倍管道直径，最大外径与最小外径之差不应大于0.08倍管道直径，且不应使用焊接弯管及皱褶弯管。 （2）制冷剂管道的分支管，应按介质流向弯成90°与主管连接，不宜使用弯曲半径小于1.5倍管道直径的压制弯管。 （3）铜管采用承插钎焊焊接连接时，承口应迎着介质流动方向

项目	施工技术要求
制冷剂管道试验要求	（1）制冷剂管道系统安装完毕，外观检查合格后，应进行系统管路吹污、气密性试验、真空试验和充注制冷剂检漏试验，技术数据应符合产品技术文件和国家现行标准的有关规定。 此处内容在2021年考试中考查了案例简答题：在制冷剂灌注前，制冷剂管道需要进行哪些试验？ （2）制冷系统的吹扫排污应采用压力为0.5～0.6MPa（表压）的干燥压缩空气或氮气，应以白色（布）标识靶检查5min，目测无污物为合格

16. 通风与空调工程系统调试要求

通风与空调工程系统调试要求　　　　　　　　　表 1H414030-7

项目	内容
调试准备	（1）通风与空调工程竣工验收的系统调试，应由施工单位负责，监理单位监督，设计单位与建设单位参与和配合。 （2）系统调试前应编制调试方案，并应报送专业监理工程师审核批准
设备单机试运转及调试要求	（1）冷却塔风机与冷却水系统循环试运行不应小于2h。 （2）制冷机组正常运转不应少于8h。 （3）风机盘管机组的调速、温控阀的动作应正确，并应与机组运行状态一一对应，中档风量的实测值应符合设计要求
系统非设计满负荷条件下的联合试运转及调试	（1）应在设备单机试运转合格后进行。 （2）通风系统的连续试运行应不少于2h，空调系统带冷（热）源的连续试运行应不少于8h。联合试运行及调试不在制冷期或供暖期时，仅做不带冷（热）源的试运行及调试，并在第一个制冷期或供暖期内补做
系统非设计满负荷条件下的联合试运转及调试技术要求	（1）系统总风量调试结果与设计风量的允许偏差应为-5%～+10%。系统经过风量平衡调整，各风口与吸风罩的风量与设计风量的允许偏差不应大于15%。 （2）水系统平衡调整后，定流量系统的各空气处理机组的水流量应符合设计要求，允许偏差应为15%；变流量系统的各空气处理机组的水流量应符合设计要求，允许偏差应为10%。 （3）多台制冷机或冷却塔并联运行时，各台制冷机及冷却塔的水流量与设计流量的偏差不应大于10%

此处可以考查选择题、案例分析判断题、案例简答题，上表中可考点较多，需在理解的基础上记忆。

【考点 3】净化空调系统施工技术要求（☆☆☆）[21 年单选]

净化空调系统的施工技术要求：

净化空调系统的施工技术要求　　　　　　　　　　　　　表 1H414030-8

项目	内容
风管制作要求	（1）风管宜采用镀锌钢板，且镀锌层厚度不应小于 $100g/m^2$。 （2）当空气洁净度等级为 N1 ~ N5 级时，风管法兰的螺栓及铆钉孔的间距不应大于 80mm；当空气洁净度等级为 N6 ~ N9 级时，不应大于 120mm。不得采用抽芯铆钉。 （3）矩形风管不得使用 S 形插条及直角型插条连接。边长大于 1000mm 的净化空调系统风管，无相应的加固措施，不得使用薄钢板法兰弹簧夹连接
风管安装要求	（1）法兰垫料厚度应为 5 ~ 8mm，不得采用乳胶海绵。 （2）风管严密性检验：N1 ~ N5 级，按高压系统风管规定执行；N6 ~ N9 级，且工作压力小于等于 1500Pa 的，均按中压系统风管的规定执行
洁净层流罩安装要求 （选择题考点）	（1）应采用独立的吊杆或支架，并应采取防止晃动的固定措施，且不得利用生产设备或壁板作为支撑。 （2）直接安装在吊顶上的层流罩，应采取减振措施，箱体四周与吊顶板之间应密封。 （3）洁净层流罩安装水平度偏差的应为 1‰，高度允许偏差应为 1mm。 （4）安装后，应进行不少于 1h 的连续试运转，且运行应正常

1H414040　建筑智能化工程施工技术

【考点 1】建筑智能化工程组成及其功能（☆☆☆）[17 年单选，13 年多选]

直击考点　建筑智能化工程包括 9 个子分部工程，它们的组成及其功能在近几年的考试中考核频次较低，考生在复习教材内容时，浏览一遍该部分内容即可。

1. 安全技术防范系统（选择题考点）

安全技术防范系统　　　　　　　　　　　　　表 1H414040-1

项目	内容
组成	出入口控制系统、入侵报警系统、视频监控系统、电子巡查系统、停车库（场）管理系统以及以防爆安全检查系统为代表的特殊子系统
实施类型	集成式、组合式、分散式

2. 建筑设备监控系统（选择题考点）

建筑设备监控系统   表 1H414040-2

项目	内容
组成	中央工作站计算机、外围设备、现场控制器、输入和输出设备、相应的系统软件和应用软件
输入设备	压差开关一般压差范围可在 20 ~ 4000Pa
	空气质量传感器以 0 ~ 10VDC 输出或干接点报警信号输出
主要输出装置	（1）电磁阀有直动式和先导式两种。 （2）电动执行机构输出方式有直行程、角行程和多转式类型。 （3）电动风阀技术参数有输出力矩、驱动速度、角度调整范围、驱动信号类型等

【考点 2】建筑智能化工程施工技术要求（☆☆☆☆☆）
[21、22 年单选，14、16、20 年多选，19、22 年案例]

1. 建筑设备监控工程的实施

建筑设备监控工程的实施   表 1H414040-3

项目	内容
建筑设备监控工程的实施程序	建筑设备自动监控需求调研→监控方案设计与评审→工程承包商的确定→设备供应商的确定→施工图深化设计→工程施工及质量控制→工程检测→管理人员培训→工程验收开通→投入运行
建筑设备监控工程的施工深化	（1）自动监控系统的深化设计应具有开放结构，协议和接口都应标准化。 （2）施工深化中还应做好与建筑给水排水、电气、通风空调、防排烟、防火卷帘和电梯等设备的接口确认，做好与建筑装修效果的配合工作

直击考点 （1）对于建筑设备监控工程的实施程序，在 2019 年的考试中考查了紧前紧后工序的案例题，还可以考查选择题。

（2）对于建筑设备监控工程的施工深化，在 2019 年的考试中考查了案例简答题：深化设计应具有哪些基本的要求？

2. 建筑设备监控系统产品的选择及检查

建筑设备监控系统产品的选择及检查   表 1H414040-4

项目	内容
主要考虑的因素	产品的品牌和生产地，应用实践以及供货渠道和供货周期等信息；产品支持的系统规模及监控距离；产品的网络性能及标准化程度 **直击考点** 此处可以考查案例简答题：选择监控设备产品应考虑哪几个技术因素？

口助诀记   磨具落花，平地起

续表

项目	内容
进口设备应提供质量证明文件	质量合格证明、检测报告及安装、使用、维护说明书等文件资料（中文译文），还应提供原产地证明和商检证明

 对于建筑设备监控系统产品的选择及检查的内容，在近几年考试中主要考查案例简答题、案例补充题，记住上述内容即可。

3. 监控设备的安装要求

 2012年的考试中考查了案例简答题：
说明温度传感器的接线电阻的要求。

结合横道图考查

监控设备的安装要求
- 主要输入设备安装要求
  - 风管型传感器安装应在风管保温层完成后进行
  - **水管型传感器**开孔与焊接工作，**必须在**管道压力试验、清洗、防腐和保温前进行
  - 镍温度传感器的接线电阻应小于3Ω，铂温度传感器的接线电阻应小于1Ω
  - 电磁流量计应安装在流量调节阀的上游，流量计的上游应有10倍管径长度的直管段，下游段应有4～5倍管径长度的直管段
  - 涡轮式流量传感器应水平安装，流体的流动方向必须与传感器壳体上所示的流向标志一致
- 主要输出设备安装要求
  - 电磁阀、电动调节阀安装前，应按说明书规定检查线圈与阀体间的电阻，进行模拟动作试验和试压试验
  - 电动风阀控制器安装前，应检查线圈和阀体间的电阻、供电电压、输入信号等是否符合要求，宜进行模拟动作检查

 2012年的考试中考查了案例简答题：公司采购的电动调节阀安装前应检验哪几项内容？

图 1H414040-1 监控设备的安装要求

 对于监控设备的安装要求，可以考查选择题、案例简答题。

4. 安全防范工程施工要求（选择题考点）

安全防范工程施工要求   表 1H414040-5

项目	内容
探测器安装要求	（1）各类探测器应根据产品的特性、警戒范围要求和环境影响等确定设备的安装点（位置和高度）。 （2）周界入侵探测器安装应保证能在防区形成交叉，避免盲区
摄像机安装要求	安装前应通电检测，室内安装高度离地不宜低于 2.5m；室外安装高度离地不宜低于 3.5m
出入口控制设备安装要求	各类识读装置的安装高度离地不宜高于 1.5m

5．线缆和光缆施工技术要求（选择题考点）

表 1H414040-6

线缆和光缆施工技术要求

项目	施工技术要求
线缆的施工要求	（1）信号线缆和电力电缆平行敷设时，其间距不得小于 0.3m；信号线缆与电力电缆交叉敷设时，宜成直角。多芯线缆的最小弯曲半径应大于其外径的 6 倍。 （2）电源线与信号线、控制线应分别穿管敷设；当低电压供电时，电源线与信号线、控制线可以同管敷设。 （3）明敷的信号线缆与具有强磁场、强电场的电气设备之间的净距离，宜大于 1.5m，当采用屏蔽线缆或穿金属保护管或在金属封闭线槽内敷设时，宜大于 0.8m
光缆的施工要求	（1）光缆的结构及允许的最小弯曲半径、最大抗拉力等机械参数，应满足施工条件的要求。 （2）光缆敷设前，应对光纤进行检查。光纤应无断点，其衰耗值应符合设计要求。核对光缆长度，并应根据施工图的敷设长度来选配光缆。 （3）敷设光缆时，其最小动态弯曲半径应大于光缆外径的 20 倍。光缆的牵引端头应做好技术处理，可采用自动控制牵引力的牵引机进行牵引。牵引力应加在加强芯上，其牵引力不应超过 150kg；牵引速度宜为 10m/min；一次牵引的直线长度不宜超过 1km，光纤接头的预留长度不应小于 8m

【考点3】建筑智能化工程调试与检测要求（☆☆☆）[18、19 年多选，19 年案例]

1．建筑智能化系统调试检测的实施

 对于建筑智能化系统调试检测的实施，可以考查选择题、案例简答题。

◆建筑智能化系统调试工作应由项目专业技术负责人主持。
◆建筑智能化系统检测应在系统试运行合格后进行。
◆建筑智能化系统检测前应提交的资料：工程技术文件；设备材料进场检验记录和设备开箱检验记录；自检记录；分项工程质量验收记录；试运行记录。
◆依据工程技术文件和规范规定的检测项目、检测数量及检测方法编制系统检测方案，检测方案经建设单位或项目监理批准后实施。
◆系统检测程序：分项工程→子分部工程→分部工程。
◆系统检测合格后，填写分项工程检测记录、子分部工程检测记录和分部工程检测汇总记录。

 此处在 2019 年的考试中考查了案例简答题：本工程系统检测合格后，需填写几个子分部工程检测记录？

◆分项工程检测记录、子分部工程检测记录和分部工程检测汇总记录由检测小组填写，检测负责人做出检测结论，监理（建设）单位的监理工程师（项目专业技术负责人）签字确认。

 此处在 2019 年的考试中考查了案例简答题：检测记录应由谁来做出检测结论和签字确认？

2．公共广播系统检测（选择题考点）

◆紧急广播中包括火灾应急广播功能时还应检测的内容包括：紧急广播具有最高级别的优先权；紧急广播向相关广播区域播放警示信号、警报语声或实时指挥语声的响应时间；音量自动调节功能。
◆检测公共广播系统的声场不均匀度、漏出声衰减及系统设备信噪比符合设计要求。

3. 安全技术防范系统调试检测要求

◆ 摄像机、探测器、出入口识读设备、电子巡查信息识读器等设备抽检的数量不应低于20%，且不应少于3台，数量少于3台时应全部检测。

4. 建筑设备监控系统调试检测要求

建筑设备监控系统调试检测要求　　　　　　　表 1H414040-7

项目	内容
变配电系统调试检测 （考查案例简答题）	（1）电源及主供电回路电流值显示、电压值显示、功率因素测量、电能计量等。 （2）变压器、高、低压开关运行状况及故障（超温）报警。 （3）应急发电机组供电电流、电压及频率和储油罐液位监视，故障报警。 （4）不间断电源工作状态、蓄电池组及充电设备工作状态检测
公共照明控制系统调试检测（考查案例计算题）	按照明回路总数的10%抽检，数量不应少于10路，总数少于10路时应全部检测
给水排水系统调试检测（考查案例计算题）	排水监控系统应抽检50%，且不得少于5套，总数少于5套时应全部检测

1H414050 电梯工程施工技术

【考点1】电梯的分类与施工程序（☆☆☆☆☆）[14、16、17、18、19、20 年单选，13、16、22 年案例]

1. 电梯工程的划分

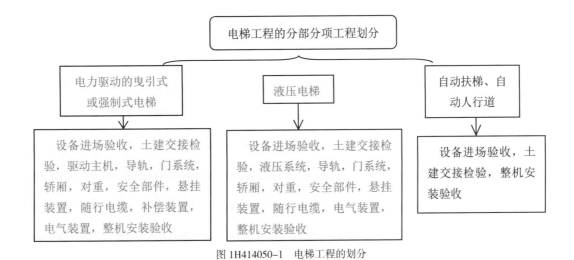

图 1H414050-1　电梯工程的划分

2. 电梯主要技术参数

◆包括额定载重量、额定速度。

3. 自动扶梯机械传动部分安装示意图

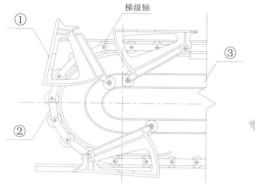

梯级轴

案例识图题为案例实操题的典型题型，背景中会告知一个示意图，要求写出示意图的相关名称。左图中，①代表梯级；②代表梯级链（牵引链条、踏板链）；③代表导轨系统。

图 1H414050-2 自动扶梯机械传动部分安装示意图

4. 自动扶梯的主要参数

◆包括提升高度、倾斜角度、额定速度、梯级宽度。

5. 电梯施工前应履行的手续（案例简答题）

◆电梯安装的施工单位应当在施工前将拟进行的电梯情况书面告知直辖市或者设区的市的特种设备安全监督管理部门，告知后方可施工。
◆办理告知需要的材料一般包括《特种设备开工告知申请书》一式两份、电梯安装资质证原件、电梯安装资质证复印件加盖公章、组织机构代码证复印件加盖公章等。

6. 电梯安装资料

电梯安装资料

表 1H414050-1

电梯制造厂提供的资料	安装单位提供的资料
（1）制造许可证明文件	（1）安装许可证和安装告知书
（2）电梯整机型式检验合格证书或报告书	（2）审批手续齐全的施工方案
（3）产品质量证明文件	（3）施工现场作业人员持有的特种设备作业证
（4）安全保护装置和主要部件的型式检验合格证，以及限速器和渐进安全钳的调试证书	直击考点 此处内容在 2013 年考试中考查的案例简答题：电梯安装前，项目部应提供哪些安装资料？

续表

电梯制造厂提供的资料	安装单位提供的资料
（5）机房或者机器设备间及井道布置图	—
（6）电气原理图	—
（7）安装使用维护说明书	—

此处内容可以考查选择题、案例简答题、案例补充题。

7．曳引式电梯施工中的注意事项

◆机房通向井道的预留孔设置临时盖板。层门的预留门洞设置防护栏杆，防护栏杆一般要设两道，底下一道栏杆距地为 500 ~ 600mm，上面一道栏杆距地应不小于 1200mm。
◆通电空载试运行合格后进行负载试运行，并检测各安全装置动作是否正常准确。

8．电梯准用程序

◆电梯安装单位自检试运行结束后，整理记录，并向制造单位提供，由制造单位负责进行校验和调试。
◆检验和调试符合要求后，向经国务院特种设备安全监督管理部门核准的检验检测机构报验要求监督检验。
◆监督检验合格，电梯可以交付使用。获得准用许可后，按规定办理交工验收手续。

【考点 2】电梯工程施工要求（☆☆☆☆☆）
[15、18、20、21、22 年单选，13、22 年案例]

1．电力驱动的曳引式或强制式电梯施工要求

电力驱动的曳引式或强制式电梯施工要求　　　　表 1H414050-2

项目	内容
电梯设备进场验收	（1）设备进场验收时，应检查设备随机文件、设备零部件与装箱单内容相符，设备外观不存在明显的损坏等。 （2）随机文件包括土建布置图，产品出厂合格证，门锁装置、限速器、安全钳及缓冲器等保证电梯安全部件的型式检验证书复印件，设备装箱单，安装、使用维护说明书，动力电路和安全电路的电气原理图

项目	内容
土建交接检验要求	（1）机房的电源零线和接地线应分开，接地装置的接地电阻值不应大于4Ω。 （2）电梯安装之前，所有厅门预留孔必须设有高度不小于1200mm的安全保护围封（安全防护门），并应保证有足够的强度，保护围封下部应有高度不小于100mm的踢脚板，并应采用左右开启方式，不能上下开启。 （3）井道内应设置永久性电气照明，井道照明电压宜采用36V安全电压，井道内照度不得小于50lx，井道最高点和最低点0.5m内应各装一盏灯，中间灯间距不超过7m，并分别在机房和底坑设置控制开关。 （4）轿厢缓冲器支座下的底坑地面应能承受满载轿厢静载4倍的作用力
轿厢系统安装要求	当距轿底在1.1m以下使用玻璃轿壁时，必须在距轿底面0.9～1m的高度安装扶手
安全部件安装要求	（1）轿厢、对重的缓冲器撞板中心与缓冲器中心的偏差不应大于20mm。 （2）随行电缆在运行中应避免与井道内其他部件干涉。当轿厢完全压在缓冲器上时，随行电缆不得与底坑地面接触
电气装置安装要求	动力和电气安全装置的导体之间和导体对地之间的绝缘电阻不得小于0.5MΩ
电梯整机安装要求	（1）安全钳、缓冲器、门锁装置必须与其型式试验证书相符。 （2）对瞬时式安全钳，轿厢应载有均匀分布的额定载重量；对渐进式安全钳，轿厢应载有均匀分布的125%额定载重量。 （3）层门与轿门试验时，每层层门必须能够用三角钥匙正常开启，当一个层门或轿门非正常打开时，电梯严禁启动或继续运行。 （4）曳引式电梯的曳引能力试验时，轿厢在行程上部范围空载上行及行程下部范围载有125%额定载重量下行，分别停层3次以上，轿厢必须可靠地制停（空载上行工况应平层）

 直击考点 此处可考点较多，可以考查选择题、案例简答题、案例补充题，上述内容需在理解的基础上记忆。

2．自动扶梯、自动人行道施工要求

自动扶梯、自动人行道施工要求 表1H414050-3

项目	内容
设备进场验收要求	（1）设备技术资料必须提供梯级或踏板的型式检验报告复印件，或胶带的断裂强度证明文件复印件；对公共交通型自动扶梯、自动人行道应有扶手带的断裂强度证书复印件 **直击考点** 此处在2022年考试中考查了案例简答题：自动扶梯进场验收的技术资料必须提供哪些文件的复印件？ （2）随机文件应该有土建布置图，产品出厂合格证，装箱单，安装、使用维护说明书，以及动力电路和安全电路的电气原理图 **直击考点** 此处在2022年考试中考查了案例简答题：自动扶梯进场验收的随机文件有哪些内容？

续表

项目	内容
土建交接检验的要求 （考查案例简答题，可以这样问：在土建交接检验中，应检查的内容包括哪些？）	（1）自动扶梯的梯级或自动人行道的踏板或胶带上空，垂直净高度严禁小于 2.3m。 （2）在安装之前，井道周围必须设有保证安全的栏杆或屏障，其高度严禁小于 1.2m。 （3）根据产品供应商的要求应提供设备进场所需的通道和搬运空间。 （4）在安装之前，土建施工单位应提供明显的水平基准线标识
整机安装验收要求 （选择题考点）	（1）自动扶梯、自动人行道在无控制电压、电路接地故障、过载时，必须自动停止运行。下列情况下的开关断开的动作必须通过安全触点或安全电路来完成：控制装置在超速和运行方向非操纵逆转下动作；附加制动器动作；直接驱动梯级、踏板或胶带的部件（如链条或齿条）断裂或过分伸长；驱动装置与转向装置之间的距离（无意性）缩短；梯级、踏板下陷，或胶带进入梳齿板处有异物夹住，且产生损坏梯级、踏板或胶带支撑结构；无中间出口的连续安装的多台自动扶梯、自动人行道中的一台停止运行；扶手带入口保护装置动作。 （2）自动扶梯、自动人行道的性能试验，在额定频率和额定电压下，梯级、踏板或胶带沿运行方向空载时的速度与额定速度之间的允许偏差为 ±5%；扶手带的运行速度相对梯级、踏板或胶带的速度允许偏差为 0 ～ +2%。 （3）自动扶梯、自动人行道应进行空载制动试验

1H414060 消防工程施工技术

【考点 1】消防系统分类及其功能（☆☆☆☆）[16、19、22 年单选，17 年案例]

1．火灾自动报警系统的基本模式

◆区域报警系统：小型建筑等单独使用。
◆集中报警系统：高层宾馆、商务楼、综合楼等建筑使用。
◆控制中心报警系统：大型建筑群、超高层建筑。

2．水灭火系统

水灭火系统　　　　　　　　　　　　　　　　　　表 1H414060-1

项目	内容
消火栓灭火系统	室外、室内消火栓灭火系统

107

项目	内容
自动喷水灭火系统	组成：由洒水喷头、报警阀组、水流报警装置（水流指示器或压力开关）、末端试水装置、配水管道、供水设施等组成
	分类：可分为闭式系统、雨淋系统、水喷雾系统和喷水-泡沫联用系统
	闭式喷水灭火系统： （1）湿式系统：适用于环境温度不低于4℃且不高于70℃的建筑物。湿式报警装置最大工作压力为1.2MPa。 （2）干式系统：充入有压气体（或氮气），系统充水时间不宜大于1min。干式报警装置最大工作压力不超过1.2MPa。 （3）干湿式系统：喷水管网在冬季充满有压气体，而在温暖季节则改为充水，其喷头应向上安装。干湿两用报警装置最大工作压力不超过1.6MPa，喷水管网的容积不宜超过3000L。 （4）预作用系统：充以有压、无压的气体。一般用于建筑装饰要求较高，不允许有水渍损失，灭火要求及时的建筑和场所。预作用喷水灭火系统管线的最长距离，按系统充水时间不超过3min、流速不小于2m/s确定。在预作用阀门之后的管道内充有压气体时，压力不宜超过0.03MPa
	开式系统：由火灾探测器、雨淋阀、管道和开式洒水喷头组成。雨淋灭火系统：用于严重危险级场所
	水喷雾灭火系统灭火机理：通过表面冷却、窒息、稀释、冲击乳化和覆盖等作用实现灭火。用于高层民用建筑内的可燃油浸电力变压器、充可燃油的高压电容器和多油开关室等房间
高压细水雾灭火系统	灭火机理主要是通过吸收热量（冷却）、降低氧深度（窒息）、阻隔辐射热等方式达到控火和灭火目的，适用于扑救A类、B类、C类和电气类火灾。 能自动和人工启动并喷放细水雾进行灭火或控火的固定灭火系统，工作压力≥3.45MPa

 此处可考点较多，可以考查选择题、案例简答题，记住上述内容即可。

3. 气体灭火系统（选择题考点）

气体灭火系统　　　　　　　　　　　　表 1H414060-2

项目	内容
气体灭火系统组成	主要包括管道安装、系统组件安装（喷头、选择阀、贮存装置）、二氧化碳称重检验装置等
七氟丙烷灭火系统	组成：储存瓶组、储存瓶组架、液流单向阀、集流管、选择阀、三通、异径三通、弯头、异径弯头、法兰、安全阀、压力信号发送器、管网、喷嘴、药剂、火灾探测器、气体灭火控制器、声光报警器、警铃、放气指示灯、紧急启动/停止按钮等
	类型：分为有管网和无管网（柜式）。有管网系统又分为内贮压系统和外贮压系统，内贮压系统的传送距离不超过60m，外贮压系统的传送距离可达220m

续表

项目	内容
二氧化碳灭火系统	按应用方式可分为：全淹没、局部应用灭火系统；按系统结构可分为：管网、无管网系统；按储存容器中的储存压力可分为：高压、低压系统
泡沫灭火系统	适用于对甲、乙、丙类液体可能泄漏场所的初期保护，对初期火灾也能扑救。一般不适合于深度超过 25mm 厚的水溶性甲、乙、丙类液体
	根据泡沫灭火剂的发泡性能的不同分为：低倍（＜20 倍）、中倍（20 ~ 200 倍）、高倍（200 ~ 1000 倍）泡沫灭火系统三类

4. 干粉灭火系统（选择题考点）

◆ 主要用于扑救易燃、可燃液体、可燃气体和电气设备的火灾。
◆ 组成：干粉灭火设备部分和火灾自动探测控制部分

【考点 2】消防工程施工程序及技术要求（☆☆☆☆☆）
[14、15、17、18、20 年单选，17 年多选，16、19、21 年案例]

1. 消防工程施工程序

◆ 火灾自动报警及联动控制系统施工程序：施工准备→管线敷设→线缆敷设→线缆连接→绝缘测试→设备安装→单机调试→系统调试→系统检测、验收。
◆ 消防水泵（或稳压泵）施工程序：施工准备→基础验收复核→泵体安装→吸水管路安装→出水管路安装→单机调试。

口助诀记　公鸡蹦，单出息

◆ 消火栓系统施工程序：施工准备→干管安装→立管、支管安装→箱体稳固→附件安装→强度和严密性试验→冲洗→系统调试。

口助诀记　关公只想附墙冲桶

◆ 自动喷水灭火系统施工程序：施工准备→干管安装→立管安装→分层干、支管安装→喷洒头支管安装→管道试压→管道冲洗→减压装置安装→报警阀配件及其他组件安装→喷洒头安装→系统通水调试
◆ 消防水炮灭火系统施工程序：施工准备→干管安装→立管安装→分层干、支管安装→管道试压→管道冲洗→消防水炮安装→动力源和控制装置安装→系统调试。
◆ 高压细水雾灭火系统施工程序：施工准备→支吊架制作、安装→管道安装→管道冲洗→管道试压→吹扫→喷头安装→控制阀组部件安装→系统调试。
◆ 泡沫灭火系统施工程序：施工准备→设备和组件安装→管道安装→管道试压→吹扫→系统调试。

直击考点　此部分内容一般考查紧前紧后工序的选择题。

2．水灭火系统施工技术要求

水灭火系统施工技术要求　　　　　　　　　　　　　表 1H414060-3

项目		内容
消火栓系统施工要求	室内消火栓系统	消火栓的栓口朝外，栓口中心距地面应为 1.1m，并不应安装在门轴侧
	室外消火栓灭火系统	设计无要求时，其安装高度距地面宜为 0.7m；与墙面上的门、窗、孔、洞的净距离不应小于 2.0m，且不应安装在玻璃幕墙下方
	消火栓系统的调试（案例补充题、案例简答题）	应包括：水源调试和测试；消防水泵调试；稳压泵或稳压设施调试；减压阀调试；消火栓调试；自动控制探测器调试；干式消火栓系统的报警阀等快速启闭装置调试，并应包含报警阀的附件电动或电磁阀等阀门的调试；排水设施调试；联锁控制试验
自动喷水灭火系统安装要求	消防水泵（选择题考点）	水泵的出口管上应安装止回阀、控制阀和压力表，或安装控制阀、多功能水泵控制阀和压力表；系统的总出水管上还应安装压力表和泄压阀
	喷头	（1）闭式喷头应在安装前进行密封性能试验，且喷头安装应在系统试压、冲洗合格后进行。 （2）安装时不得对喷头进行拆装、改动，并严禁给喷头附加任何装饰性涂层。 （3）喷头安装应使用专用扳手，严禁利用喷头的框架施拧。 （4）喷头的框架、溅水盘产生变形或释放原件损伤时，应采用规格、型号相同的喷头更换
	末端试水装置	每个报警阀组的供水管网最不利点洒水喷头处均设置末端试水装置，其他防火分区、楼层均设置 DN25 的试水阀。末端试水装置应安装相应的压力表和有组织排水设施
	自动喷水灭火系统的调试	水源测试；消防水泵调试；稳压泵调试；报警阀调试；排水设施调试；联动试验 **直击考点** 此处内容在 2019 年考试中考查了案例补充题：B 公司还有哪些调试工作未完成？

3．喷洒头安装示意图

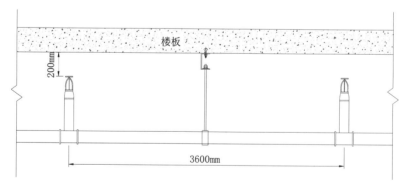

图 1H414060-1　喷洒头安装示意图

 在自动喷水灭火系统中，该直立式喷洒头运到施工现场，经外观检查后，立即与消防管道同时进行了安装，直立式喷洒头安装如图 1H414060-1 所示，施工过程中被监理工程师叫停，要求说明整改原因。整改原因：（1）喷头运到现场外观检查后立即与管道同时安装，未进行密封性能试验，管道未进行试压冲洗；理由：自动喷水灭火系统闭式喷头应在安装前进行密封性能试验，并且在系统试压、冲洗合格后进行安装。（2）喷头溅水盘距顶棚为 200mm，不符合规范要求；理由：喷头溅水盘距顶棚应为 75～150mm。

4．末端试水装置安装示意图

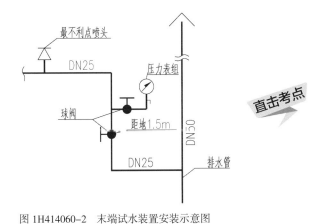

图 1H414060-2　末端试水装置安装示意图

直击考点 左图是一道案例识图找错题，左图中存在的质量问题：（1）末端试水装置的出水与排水立管直接连接（出水未采用孔口出流方式）。（2）排水立管 50mm 小于规范规定（排水立管应不小于 75mm）；末端试水装置漏装试水接头。

5．防排烟系统施工技术要求

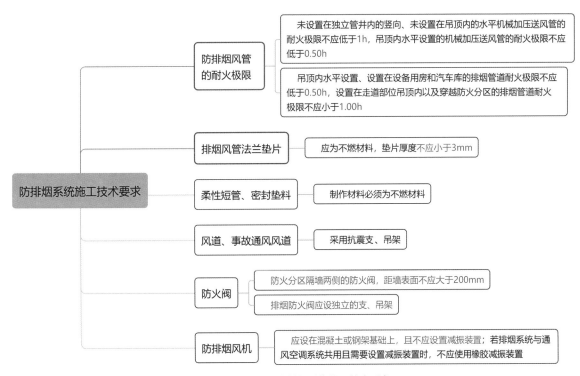

图 1H414060-3　防排烟系统施工技术要求

直击考点 此处内容可以考查选择题、案例识图改错、案例补充题、案例简答题。

111

6. 排烟防火阀及风管安装示意图

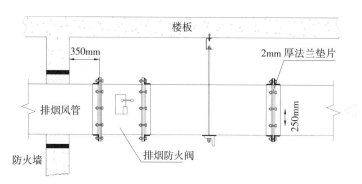

图 1H414060-4　排烟防火阀及风管安装示意图

 案例识图改错题为典型的案例实操考核形式，上图中：排烟防火阀距离隔墙的距离太远，正确做法：防火墙两侧的防火阀，距墙表面应不大于200mm；排烟防火阀没有设置独立支、吊架，正确做法：排烟防火阀设独立支、吊架；风管法兰连接的垫片厚度2mm不正确，正确做法：风管接口的连接应严密、牢固，垫片厚度不应小于3mm，不应凸入管内和法兰外，排烟风管法兰垫片应为不燃材料；法兰连接处的螺栓孔间距250mm不正确，正确做法：本题中排烟管道为中压，中、低压系统矩形风管法兰螺栓及铆钉间距应小于等于150mm。

7. 屋顶排烟风机安装示意图

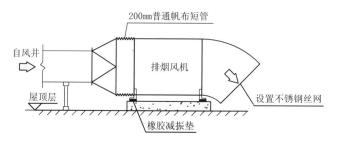

图 1H414060-5　屋顶排烟风机安装示意图

 上图是一道案例识图改错题，上图中：（1）设备与排烟风管之间采用普通帆布短管连接，错误；改正：设备与排烟风管之间采用短管必须采用不燃柔性材料。（2）风机与基础之间安装橡胶减振垫，错误；改正：防排烟风机应设在混凝土或钢架基础上，且不应设置减振装置。

【考点3】消防工程验收的规定与程序（☆☆☆）[13年案例]

1．消防工程验收的规定

消防工程验收的规定　　　　　　表 1H414060-4

具有下列情形之一的特殊建设工程，建设单位应当向本行政区域内地方人民政府住房和城乡建设主管部门申请消防设计审查，并在建设工程竣工后向消防设计审查验收主管部门申请消防验收

人员密集场所

序号	建筑面积 S	场所名称		
1	$S > 2$ 万 m^2	体育场馆、会堂，公共展览馆、博物馆的展示厅	口助诀记	体会展馆
2	$S > 1.5$ 万 m^2	民用机场航站楼、客运车站候车室、客运码头候船厅	口助诀记	马航马云
3	$S > 1$ 万 m^2	宾馆、饭店、商场、市场		
4	$S > 2500m^2$	影剧院，公共图书馆的阅览室，营业性室内健身、休闲场馆，医院的门诊楼，大学的教学楼、图书馆、食堂，劳动密集型企业的生产加工车间，寺庙、教堂		
5	$S > 1000m^2$	托儿所、幼儿园的儿童用房，儿童游乐厅等室内儿童活动场所，养老院、福利院、医院、疗养院的病房楼，中小学校的教学楼、图书馆、食堂，学校的集体宿舍，劳动密集型企业的员工集体宿舍		
6	$S > 500m^2$	歌舞厅、录像厅、放映厅、卡拉OK厅、夜总会、游艺厅、桑拿浴室、网吧、酒吧，具有娱乐功能的餐馆、茶馆、咖啡厅（娱乐场所）		

特殊建设工程

序号	特殊建设工程
1	国家工程建设消防技术标准规定的一类高层住宅建筑
2	城市轨道交通、隧道工程，大型发电、变配电工程
3	生产、储存、装卸易燃易爆危险物品的工厂、仓库和专用车站、码头，易燃易爆气体和液体的充装站、供应站、调压站
4	国家机关办公楼、电力调度楼、电信楼、邮政楼、防灾指挥调度楼、广播电视楼、档案楼
5	单体建筑面积大于 $40000m^2$ 或者建筑高度超过 50m 的公共建筑

 此处内容可以考查选择题、案例分析题，记住上述内容数值规定。

2. 特殊建设工程消防验收所需资料及条件（案例题考点）

特殊建设工程消防验收所需资料及条件 表1H414060-5

项目	内容
所需资料	（1）消防验收申报表。 （2）工程竣工验收报告。 （3）涉及消防的建设工程竣工图纸
验收条件	（1）完成工程消防设计和合同约定的消防各项内容。 （2）有完整的工程消防技术档案和施工管理资料（含涉及消防的建筑材料、建筑构配件和设备的进场试验报告）。 （3）建设单位对工程涉及消防的各分部分项工程验收合格；施工、设计、工程监理、技术服务等单位确认工程消防质量符合有关标准。 （4）消防设施性能、系统功能联调联试等内容检测合格

3. 消防验收程序（选择题考点）

图1H414060-6 消防验收程序

1H420000 机电工程项目施工管理

1H420010 机电工程项目管理的程序及任务

【考点 1】机电工程项目的类型及建设程序（ ☆☆☆ ）[16、19 年单选，14 年案例]

1. 机电工程建设项目的分类

机电工程建设项目的分类　　　　　　　　　　　　　表 1H420010-1

分类依据	具体划分的类别
以项目建设的性质划分	新建项目、扩建项目、改建项目、复建项目、迁建项目
以项目建设规模划分	大型、中型、小型项目

（1）直接问以项目建设的性质划分哪些项目。

（2）背景描述让考生判断属于什么性质建设项目？为什么？

2. 机电工程项目的建设程序（选择题考点）

机电工程项目的建设程序　　　　　　　　　　　　　表 1H420010-2

程序	内容
项目可行性研究	可行性研究的主要内容包括项目建设的必要性、市场分析、资源利用率分析、建设方案、投资估算、财务分析、经济分析、环境影响评价、社会评价、风险分析与不确定性分析
项目实施阶段	主要工作包括勘察设计、建设准备、项目施工、竣工验收投入使用等四个程序
	建设工程文件包括工程准备阶段文件、监理文件、施工文件、竣工图和竣工验收文件

【考点 2】采购阶段项目管理的任务（☆☆☆）[16、21 年单选]

1. 机电工程项目采购的类型（选择题考点）

机电工程项目采购的类型	表 1H420010-3

项目	内容
按采购内容可分为	工程采购（有形采购）、货物采购（有形采购，包括机电工程项目需要投入的货物，服务，如运输、保险、安装、调试、培训、初期维修等）与服务采购（无形采购，决策阶段：可行性研究、项目评估，设计、招标投标阶段：工程设计和招标文件编制服务，施工阶段：项目管理、施工监理等执行性服务，其他：技术援助和培训等服务）
按采购方式可分为	招标采购、直接采购和询价采购

2. 货物采购策划与采购计划

◆货物采购计划要与设计进度、施工进度合理搭接，处理好接口管理关系。应分析市场现状，通过供货能力、所购设备的生产周期、仓储保管能力、货物运距、运输方法和时间，综合确定采购批量以及供货的最佳时机，使货物供给与施工进度安排有恰当的时间提前量。

 此处内容在 2012 年的考试中考查了案例简答题：A 公司项目部在编制监控设备采购计划时应考虑哪些市场现状？

3. 采购合同的管理

◆材料采购合同的履行环节包括：产品的交付、交货检验的依据、产品数量的验收、产品的质量检验、采购合同的变更等。

◆设备采购合同履行的环节包括：到货检验，损害、缺陷、缺少的处理，监造监理，施工安装服务，试运行服务等。

口助诀记　交验素（数）质变

口助诀记　到货却（缺）见（监）施工运行

 此处内容在 2011 年的考试中考查了案例简答题：安装公司项目部履行设备采购合同主要有哪些环节？

【考点 3】施工阶段项目管理的任务（☆☆☆）[19 年案例]

1. 施工安全管理

◆制订安全管理总体策划，全场性的安全管理制度：机电工程项目建设总承包单位负责建设全过程的安全管理总体策划，并制订全场性的安全管理制度，经批准后监督执行。
◆工程分包合同应明确分包单位的安全管理职责。
◆制订安全应急预案，采取应对措施，跟踪监督整改，防止事故发生。

2. BIM 技术的实施应用

◆重视利用信息技术的手段进行信息化管理，推行建筑信息模型、云计算、大数据、物联网先进技术的建设和应用，切实提高项目信息化管理的效率和效益，提升项目管理的水平和能力。
◆通过四维（4D）施工模拟与施工组织方案的结合，不仅可以直观地体现施工的界面、顺序，从而使总承包与各专业施工之间的施工协调变得清晰明了，避免施工延期；能够使设备材料进场、劳动力配置等各项工作的安排变得更为有效、经济；设备吊装方案及一些重要的施工步骤，可以用四维模拟的方式很明确地向业主、审批方展示出来。

 直击考点 此处内容在 2019 年考试中考查了案例简答题：A 公司采用 BIM 四维（4D）模拟施工的主要作用有哪些？

1H420020 机电工程施工招标投标管理

【考点 1】施工招标投标管理要求（☆☆☆）[17 年多选，15 年案例]

 直击考点 对于施工招标投标管理，出题形式一般有：判断属于公开招标还是邀请招标；招标投标分类各自包含的主要内容；判断是否属于废标；判断是否属于有效标；投标程序判断正确与否及投标策略的选择。

1. 招标方式

招标方式　　　　　　　　　　　　　　　　　　　　　　　表 1H420020-1

招标方式	规定
公开招标	（1）投标有效期从提交投标文件的截止之日算起。 （2）一个招标项目只能有一个标底。标底必须保密。招标人设有最高投标限价的，应当在招标文件中明确最高限价或者最高限价的计算方法。招标人不得规定最低投标限价。 （3）资格预审内容包括基本资格审查和专业资格审查。专业资格审查是资格审查的重点，主要内容包括：类似工程业绩；人员状况；履行合同任务而配备的施工装备等；财务状况 **直击考点** 此处内容在 2015 年的考试中考查了案例简答题：A 公司审查分包单位专业资格包括哪些内容？

招标方式	规定
邀请招标	邀请招标情形： （1）技术复杂、有特殊要求或者受自然环境限制，只有少量潜在投标人可供选择。 （2）采用公开招标方式的费用占项目合同金额的比例过大。 （3）涉及国家安全、国家秘密或者抢险救灾，不宜公开招标的

 在案例考试中，此处有时还会涉及《中华人民共和国招标投标法》《中华人民共和国招标投标法实施条例》规定，前述法规需要熟悉。

2．招标投标项目的分类

◆项目总承包（设计采购施工（EPC）/交钥匙总承包）：承包商承担全部设计、设备及材料采购、土建及安装施工、试运行、试生产直至达产达标。
◆设计和采购总承包（EP）、设计施工总承包（DB）、采购及施工总承包（PC）、施工总承包（GC）、专业工程承包模式等。

3．开标与评标管理要求

开标与评标管理要求　　　　　　　　　　　　　　表 1H420020-2

项目	内容
开标	投标人少于 3 个的，不得开标；招标人应当重新招标
评标定标	评标委员会由招标人代表和技术、经济等方面的专家组成，其成员人数为 5 人以上单数。其中技术、经济等方面的专家不得少于成员总数的 2/3
	专家由招标人从招标代理机构的专家库或国家、省、直辖市人民政府提供的专家名册中随机抽取，特殊招标项目可由招标人直接确定

 对于评标定标，可以考查选择题，也可以出挑错题，也就是是否合理？或者不妥之处在哪？

【考点 2】施工招标条件与程序（☆☆☆）[13 年案例]

废标及其确认（案例题考点）：

◆投标文件没有对招标文件的实质性要求和条件做出响应。
◆投标文件中部分内容需经投标单位盖章和单位负责人签字的而未按要求完成及投标文件未按要求密封。
◆弄虚作假、串通投标及行贿等违法行为。
◆低于成本的报价或高于招标文件设定的最高投标限价。
◆投标人不符合国家或者招标文件规定的资格条件。
◆同一投标人提交两个以上不同的投标文件或者投标报价（但招标文件要求提交备选投标的除外）。

直击考点　（1）此部分出题形式：根据背景资料判断是否属于废标或者废标的条件有哪些？
（2）看一下考查过的案例题型：①招标投标中，哪些单位的投标书属于无效标书？此次招标工作是否有效？说明理由。②分别说明 A 单位的表述和 B 单位的变更文件能否被招标单位接受的理由。

【考点3】施工投标条件与程序（☆☆☆）[16、21年单选]

1．投标策略

投标策略　　　　　　　　　　　　　　　　　　表 1H420020-3

项目	内容		
技术标的策略	突出自身**优势**；突出工**期**目标；强调**质**量控制的优势；合理化建议（向业主提出一些有利于降低工程造价、缩短工期、保证质量的合理化建议及一些优惠条件）	口诀助记	优质工件
商务报价的策略	不平衡报价法、多方案报价法、增加建议方案法、投标前突然竞价法、无利润竞标法、先亏后盈法	口诀助记	五险不多增投

2．电子招标投标方法

◆电子招标投标交易平台应当允许投标人离线编制投标文件，并且具备分段或者整体加密、解密功能。投标人应当按照招标文件和电子招标投标交易平台的要求编制并加密投标文件。投标人未按规定加密的投标文件，电子招标投标交易平台应当拒收并提示。
◆电子招标投标交易平台收到投标人送达的投标文件，应当即时向投标人发出确认回执通知，并妥善保存投标文件。在投标截止时间前，除投标人补充、修改或者撤回投标文件外，任何单位和个人不得解密、提取投标文件。

1H420030 机电工程施工合同管理

【考点1】施工合同履约及风险防范（☆☆☆☆）[16、19、21年单选，13、17年案例]

1．施工承包合同、专业分包合同

施工承包合同、专业分包合同　　　　　　　　　　表 1H420030-1

项目	内容
施工承包合同	施工合同文本一般都由协议书、通用条款、专用条款组成。除合同文本外，合同文件一般还包括：中标通知书，投标书及其附件，有关的标准、规范及技术文件，图纸、工程量清单、工程报价单或预算书等（此处内容一般考查选择题）
	合同通用条款规定的优先顺序：中标通知书（如果有）；投标函及其附录（如果有）；专用合同条款及其附件；通用合同条款；技术标准和要求；图纸；已标价工程量清单或预算书；其他合同文件（此处内容一般考查案例分析题）
项目施工总承包单位的工作	向分包人提供证件、批件和各种相关资料、施工场地；组织图纸会审、交底；提供设备和设施；为分包人提供场地和通道；负责管理工作（此处内容一般考查案例简答题）

2. 机电工程项目分包合同范围

◆总承包合同约定的或业主指定的分包项目；不属于主体工程；专业性较强的；分包合同必须明确规定分包单位的任务、责任及相应的权利；应严格规定分包单位不得把工程转包给其他单位。

 直击考点 此处内容一般考查案例分析题，如：安装公司将工程分包应经谁同意？工程的哪些部分不允许分包？

3. 合同风险防范要点

◆规范合同行为，诚信守法；加强合同评审、评估、管控（认真组织合同评审，评估各项风险，选派高水平的人员参与谈判，加强合同风险在合同执行期间的管理和控制）；加强索赔管理（以合同为依据，用索赔和反索赔来弥补或减少损失）；管控、转移、规避、消减风险（针对合同风险，灵活采用消减风险、转移风险、共担风险等管控风险方法）。

 直击考点 此处内容一般考查案例简答题、案例分析题。下面看一下考查过的案例题型：

（1）2009年考试中考查过的案例分析题：针对背景中的风险，安装公司在订立设备采购合同时应采取什么对策？

（2）2017年考试中考查过的案例简答题、案例分析题：风险防范对策除了风险规避外还有哪些？该施工单位将运输一切险交由供货商负责属于何种风险防范对策？

4. 国际机电工程项目合同风险防范措施

项目所处的环境风险防范措施　政治风险防范（防范措施：特许权协议必须得到东道国政府的正式批准，并对项目付款义务提供担保；向国家出口信用保险公司投保政治保险）、市场和收益风险防范（防范措施：在特许协议中，由东道国政府对项目付款义务提供担保/主权担保）、财经风险防范、法律风险防范（防范措施：明确因违约、歧义、争端的仲裁在双方都认可的第三国进行）、不可抗力风险防范（防范措施：对可投保的各种不可抗力风险进行保险）

项目实施中自身风险防范措施　建设风险防范（防范措施：通过招标竞争选择有资信、有实力的承包商。在特许经营期的设计上，完工风险采用东道国政府和项目公司共同承担）、营运风险防范（防范措施：运行维护委托专业化运行单位承包，降低运行故障及运行技术风险）、技术风险防范（防范措施：委托专业化监造单位在过程中严格控制施工质量和设备制造质量，关键技术采用国内成熟的设计、设备、施工技术）、管理风险防范（防范措施：提高项目融资风险管理水平，提高项目精细化管理能力）

图1H420030-1　国际机电工程项目合同风险防范措施

（1）此处内容在 2019 年考查了多选题：国际机电工程项目合同风险防范措施中，属于自身风险防范的有（　　）。

（2）此处内容在 2011 年考试中考查了案例补充题：国际机电工程总承包除项目实施自身风险外，还有哪些风险？

【考点 2】总包与分包合同的实施（☆☆☆）[17 年单选，13、21 年案例]

1．合同分析、合同交底、合同控制

◆合同分析：分析合同风险；分析合同中的漏洞，澄清有争议的内容。
◆合同交底：组织分包单位与项目有关人员进行交底；将各项任务和责任分解，落实到具体部门、人员或分包单位，明确工作要求和目标。
◆合同控制：合同跟踪与控制；合同实施的偏差分析；合同实施的偏差处理。

2．工程分包单位管理

◆总承包单位对分包单位及分包工程的施工管理，应从施工准备、进场施工、工序交验、竣工验收、工程保修以及技术、质量、安全、进度、工程款支付等进行全过程的管理。

此处内容在 2021 年的考试中考查了案例补充题：A 公司还应从哪些方面对 B 公司进行全过程管理？

◆总承包单位应及时检查、审核分包单位提交的分包工程施工组织设计、施工技术方案、质量保证体系、质量保证措施、安全保证体系及措施、施工进度计划、施工进度统计报表、工程款支付申请、隐蔽工程验收报告和竣工交验报告等文件资料，提出审核意见并批复。

此处内容在 2013 年的考试中考查了案例补充题：工程实施过程中，还需审核分包单位哪些施工资料？

【考点 3】合同的变更与终止（☆☆☆）[22 年单选]

合同变更的范围（选择题考点）：

◆增加或减少合同中任何工作，或追加额外的工作。
◆取消合同中任何工作，但转由他人实施的工作除外。
◆改变合同中任何工作的质量标准或其他特性。
◆改变工程的基线、标高、位置和尺寸。

【考点4】施工索赔的类型与实施（☆☆☆☆☆）
［13、14、16、17、18、21、22年案例］

1. 索赔发生的原因、索赔成立的前提条件

索赔发生的原因、索赔成立的前提条件　　　　　　　　　　　　表 1H420030-2

项目	内容
索赔发生的原因	（1）合同当事方违约，不履行或未能正确履行合同义务与责任。 （2）合同条文错误，如合同条文不全、错误、矛盾，设计图纸、技术规范错误等。 （3）合同变更。 （4）不可抗力因素，如恶劣气候条件、地震、疫情、洪水、战争状态等。【注意：在此命题的概率较高】
索赔成立的前提条件【判断：有合同关系；有损失；不是承包商造成的；不放弃权利。】	应该同时具备以下三个前提条件：（索赔一般指的是承包商这边的索赔） （1）与合同对照，事件已造成了承包商工程项目成本的额外支出，或直接工期损失。 （2）造成费用增加或工期损失的原因，按合同约定不属于承包商的行为责任或风险责任。 （3）承包商按合同规定的程序和时间提交索赔意向通知和索赔报告

直击考点　索赔在案例题中的考试题型小结：
（1）判断索赔能否成立或者是否合理？说明理由。（结合背景资料进行判断）
（2）简述索赔成立的前提条件。
（3）按索赔发生的原因分析，×××单位可以提出哪些索赔？
（4）计算索赔费用或者工期。

2. 承包商可以提起索赔的事件（通常要求分析索赔合理性，不需死记硬背，要求理解）

◆发包人违反合同给承包人造成时间、费用的损失。
◆因工程变更造成的时间、费用损失。
◆由于监理工程师对合同文件的歧义解释、技术资料不确切，导致施工条件的改变，造成了时间、费用的增加。
◆发包人提出提前完成项目或缩短工期而造成承包人的费用增加。
◆发包人延误支付期限造成承包人的损失。
◆对合同规定以外的项目进行检验，且检验合格，或非承包人的原因导致项目缺陷的修复所发生的损失或费用。
◆非承包人的原因导致工程暂时停工造成了损失。
◆物价上涨、法规变化及其他原因造成了损失。

1H420040 机电工程设备采购管理

【考点1】工程设备采购工作程序（☆☆☆☆）[19年单选，17、21、22年案例]

1. 工程设备采购工作的阶段划分

工程设备采购工作的阶段划分　　　　　　　　　　　　　　　　表 1H420040-1

阶段	主要工作
准备阶段	主要工作包括：建立组织、执行设备采购程序，需求分析、熟悉市场，确定采购策略和编制采购计划。其中，确定采购方式和策略： （1）对潜在供货商的要求：能力调查：调查供货商的技术水平、生产能力、生产周期；地理位置调查：调查潜在供货商的分布，地理位置、交通运输对交货期的影响程度。 （2）确定采购策略：确定公开招标、邀请报价、单独合同谈判的方式
实施阶段	主要工作包括：接收请购文件、确定合格供应商、招标或询价、报价评审或评标定标、召开供应商协调会、签订合同、调整采购计划、催交、检验、包装及运输等
收尾阶段	主要工作包括：货物交接、材料处理、资料归档和采购总结等

 此处内容主要考查选择题，出题时各阶段主要工作可互为干扰选项。

2. 工程设备采购工作的要求

◆保证设备质量：必须严格按设计文件要求的质量标准进行采购、检查和验收。
◆保证采购进度：设备主装置、需要先期施工的设备及关键线路上的设备应优先采购。
◆保证采购价格合理。

 此部分内容一般考查案例简答题，如 2021 年的案例二第 4 小问：为保证项目整体进度，应优先采购哪些设备？

3. 设备采购文件的组成

设备采购文件的组成　　　　　　　　　　　　　　　　　　　表 1H420040-2

组成	内容
设备采购技术文件	内容包括设备请购书及请购书附件
	设备请购书的内容包括：供货范围；技术要求和说明、质量标准；图纸、数据表；检验要求；供货商提交文件的要求等
	请购书附件内容包括：数据表、技术规格书、图纸及技术要求、特殊要求和注意事项等
设备采购商务文件	内容包括：询价函及供货一览表；报价须知；设备采购合同基本条款和条件；包装、唛头、装运及付款须知；确认报价回函（格式）

 此部分内容一般考查案例简答题，如 2017 年考试中的案例二的 2 小问：设备采购文件的内容由哪些组成？

4. 设备采购文件编制要求

项目	内容
编制	设备采购文件由项目采购经理根据相关程序进行编制
审核及批准	经过编制、技术参数复核、进度（计划）工程师审核、经营（费控）工程师审核，由项目经理审批后实施
	若实行公开招标或邀请招标的，还要将该文件报招标委员会审核，由招标委员会批准后实施
编制依据	包括工程项目建设合同、设备请购书、采购计划及业主方对设备采购的相关规定等文件

表题：设备采购文件编制要求　　表 1H420040-3

 直击考点 该部分内容属于案例题考点，在 2022 年考试中考查了案例简答题：设备采购文件编制依据包括哪些文件？本项目的设备采购文件的审批是否正确？

【考点 2】工程设备采购询价与评审（☆☆☆☆）[22 年单选，14、16、17 年案例]

1. 设备采购询价的工作程序（案例题考点）

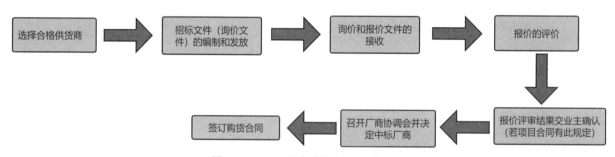

图 1H420040-1　设备采购询价的工作程序

 直击考点 注意设备采购询价工作的排序，2009 年考查过案例简答题：结合背景写出安装公司采购冷水机组等设备的采买程序。

2. 选择合格供货厂商

◆合格供货商的资格审查内容：（1）供货商所取得的制造许可是否满足该类设备制造。（2）供货商的生产装备和技术水平是否满足该类设备制造要求，并能保证产品质量和进度。（3）供货商执行合同的信誉。（4）供货商经营管理和质保体系运行状态。（5）上年和当时的财务状态。（6）当年的生产负荷状况。（7）同型号或类似设备的制造业绩。（8）供货商制造场地至建设现场的运输条件。（9）外协件来源及质量、外协厂家成套能力、资金状况和履行合同的信誉。

小结：软实力：资质（1、2）、信誉（3）、经营质保体系（4）、财务状态（5）
　　　硬实力：负荷（6）、业绩（7）
　　　运气：运输（8）、外协厂家（9）

◆审查潜在供货商：

（1）供货商的地理位置：审查供货商的地理位置，以能方便地取得原材料、方便地进行成品运输为关注点，以距建设现场或集货港口比较近为宜。关注是否有方便的陆上交通或水路航道。

（2）装备能力：审查供货商的装备能力，力求与拟采购设备的制造要求相匹配。

（3）生产任务安排与项目的进度协调：审查供货商生产任务的饱满程度，以期供货商的生产安排与项目的进度要求协调一致。

（4）供货商的信誉：通过走访、调查、交流等手段，了解潜在供货商的企业信誉。

 此部分内容为案例题考点，考虑合格供应商，主要从审查其资质文件着手，主要是上述9个方面，主要是理解记忆。此部分内容有两种考法：一是直接问，二是补充题。

3．设备采购评审

设备采购评审　　　　　　　　　　　　　　　　　　　　表 1H420040-4

采购评审	内容
技术评审	评审包括技术评审、商务评审和综合评审
商务评审	商务评审由采购工程师（或费控工程师）组织，由相关专业的专家进行（可外聘专家）
	综合评价的规定：对于技术评审不合格的厂商不再做商务评审；设备采购招标文件（询价商务文件）和厂商的商务报价；未列入评标办法的指标不得作为商务评标的评定指标
	对供货商的评价、推荐：对照招标书逐项对各潜在供货商的商务标的响应性做出评价，重点评审供货商的价格构成是否合理并具有竞争力；推荐供货商应严格按经过批准的评标办法进行；对各潜在供应商的商务报价做横向比较并排出推荐顺序
综合评审	采购经理在技术评审和商务评审的基础上组织综合评审
	综合评审既要考虑技术，也要考虑商务，应从质量、进度、费用、执行合同的信誉、同类产品业绩、交通运输条件等方面综合评价并排出推荐顺序
	此处内容在2016年的考试中考查了案例补充题：设备采购前的综合评审除考虑供货商的技术和商务外，还应从哪些方面进行综合评价？

 此部分内容可以考查选择题，也可以考查案例简答题、案例分析判断题、案例分析补充题，在上述内容理解的基础上记忆。

【考点3】工程设备监造大纲与监造工作要求（ ☆☆☆ ）
[18年单选，17年多选，18年案例]

1. 监督点的设置（选择题考点）

监督点的设置　　　　　　　　　　　　　　表 1H420040-5

项目	内容
停工待检（H）点设置	（1）针对设备安全或性能最重要的相关检验、试验而设置。 （2）重要工序节点、隐蔽工程、关键的试验验收点或不可重复试验验收点。 （3）停工待检（H）点的检查重点之一是验证作业人员上岗条件要求的质量与符合性
现场见证（W）点设置	（1）针对设备安全或性能重要的相关检验、试验而设置。 （2）监督人员在现场进行作业监视
文件见证（R）点设置	（1）制造厂提供质量符合性的检验记录、试验报告、原材料与配套零部件的合格证明书或质保书等技术文件。 （2）设备制造相应的工序和试验已处于可控状态

2. "监造周报"和"监造月报"内容

- ◆设备制造进度情况；质量检查的情况。
- ◆发现的问题及处理方式；前次发现问题处理情况的复查。
- ◆监造人、时间等其他相关信息。

 该知识点属于案例题考点，可以考查案例简答题（如2018年案例二第2问：项目部编制的设备监造周报和月报有哪些主要内容？）、案例补充题。

【考点4】工程设备检验要求（ ☆☆☆ ）[16、20年单选]

1. 设备验收的主要依据

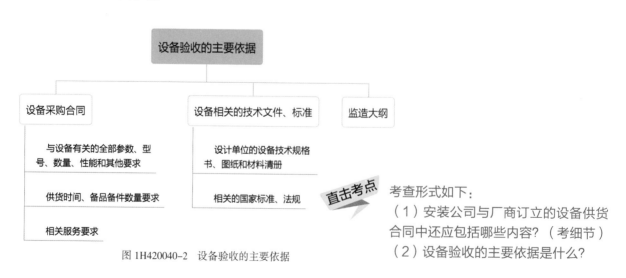

图 1H420040-2　设备验收的主要依据

2．设备验收的内容（选择题考点）

> 设备验收的内容主要包括：核对验证、外观检查、运转调试检验和技术资料验收。
> ◆ **核对验证**：核对设备的规格、型号、设备供货厂商、数量等；设备整机、各类单元设备及部件出厂时所带附件、备件的种类、数量等应符合制造商出厂文件的规定和定购时的特殊要求；关键原材料和元器件质量及质量证明文件复核；验证产品与制造商按规定程序审批的产品图样、技术文件及相关标准规定和要求的符合性；购置协议的相关要求是否实现。
> ◆ **外观检查**：设备的完整性、管缆布置、连接件、焊接结构件；工作平台、加工表面、非加工表面；外观、涂漆、贮存、接口；非金属材料、备件、附件专用工具；包装、运输、各种标志。
> ◆ **运转调试检验**：所有待试的动力设备，传动、运转设备应按规定加注燃油、润滑油（脂）、液压油、冷却液等；相关配套辅助设备均应处于正常状态；记录有关数据形成运转调试检验报告。

3．设备施工现场验收的组织和参与人员

> ◆ 由建设单位组织设备施工现场验收。
> ◆ 参加验收人员：由建设单位、监理单位、设备供货厂商、施工方有关代表参加。

 直击考点 该部分内容一般考查案例简答题、案例补充题（如 2009 年的案例二第 3 问：冷水机组到达施工现场开箱验收还应有哪些人员参加？）

1H420050 机电工程施工组织设计

【考点1】施工组织设计的编制要求（☆☆☆）[19、20 年单选]

1．施工组织设计的类型

> ◆ **按编制阶段分类**，可分为标前、标后施工组织设计。
> ◆ **按编制对象分类**，可分为施工组织总设计、单位工程施工组织设计和专项工程施工组织设计。

 直击考点 此处内容在 2009 年考试中考查案例分析题：该工程项目应编制何种类型施工组织设计和专项施工方案？

2．施工组织设计编制依据（选择题考点）

> ◆ 与工程建设有关的法律法规、标准规范、工程所在地区行政主管部门的批准文件。
> ◆ 工程施工合同、招标投标文件及建设单位相关要求。
> ◆ 工程文件，如施工图纸、技术协议、主要设备材料清单、主要设备技术文件、新产品工艺性试验资料、会议纪要等。
> ◆ 工程施工范围的现场条件，与工程有关的资源条件，工程地质、水文地质及气象等自然条件。
> ◆ 企业技术标准、管理体系文件、管理制度、企业施工能力、同类工程施工经验等。

3. 施工组织设计编制内容（选择题考点）

◆包括：工程**概**况、编制**依**据、施工部署、施工**进**度计划、施工准备与**资**源配置计划、主**要**施工方法、主要施工**管**理措施及施工现场平**面**布置等。

◆施工准备与资源配置计划：施工准备包括技术准备、现场准备和资金准备；资源配置计划包括劳动力配置计划和物资配置计划。

◆主要施工管理措施：包括进度管理措施、质量管理措施、安全管理措施、环境管理措施、成本管理措施等。

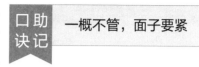

口助诀记　**一概不管，面子要紧**

　此部分内容一般考查案例分析题（如 2020 年考试中的案例一第 1 问：安装公司在施工准备和资源配置计划中哪几项完成得较好？哪几项需要改进？）、案例补充题、案例简答题。

【考点 2】施工方案的编制要求（☆☆☆☆☆）
[17、18 年多选，14、15、16、17、20、21 年案例]

1. 施工方案的类型

施工方案的类型　　　　　　　　　　　　　　　　表 1H420050-1

类型	内容
专业工程施工方案	指以组织专业工程（含多专业配合工程）实施为目的，用于指导专业工程施工全过程各项施工活动需要而编制的工程施工方案
专项施工方案	（1）编制：施工单位应当在危险性较大的分部分项工程施工前组织工程技术人员编制专项施工方案。实行施工总承包的，应由施工总承包单位组织编制。危大工程实行分包的，其专项施工方案可由专业分包单位组织编制
	（2）审核、实施： ①专项施工方案应当由施工单位技术负责人审核签字、加盖单位公章，并由总监理工程师签字、加盖执业印章后方可实施。 ②危险性较大的分部分项工程实行分包并由分包单位编制专项施工方案的，专项施工方案应当由总承包单位技术负责人及分包单位技术负责人共同审核签字，并加盖单位公章。 ③对于超过一定规模的危险性较大的分部分项工程，施工单位应当组织召开专家论证会对专项施工方案进行论证。实行施工总承包的，由施工总承包单位组织召开专家论证会。专家论证前专项施工方案应当通过施工单位审核和总监理工程师审查
	（3）专家论证后的实施要求： ①论证意见为"修改后通过"的，施工单位应当根据论证意见修改完善后重新履行审批程序。 ②论证意见为"不通过"的，施工单位修改后应当重新组织专家论证

直击考点 此处内容可以考查选择题、案例分析题（如：2012 年案例题第 4 问：32t 桥式起重机吊装方案的审批程序是否符合规定要求？说明理由；2014 年案例四第 2 问：施工总承包单位还应补充编制哪几项安全专项施工方案；2016 年案例五第 1 问：针对公用管网施工，A 公司应编制哪些需要组织专家论证的安全专项方案；2017 年案例三第 3 问：塔式起重机专项施工方案在施工前应由哪些人员签字；2020 年案例五第 1 问：本工程的哪个设备安装应编制危大工程专项施工方案？该专项方案编制后必须经过哪个步骤才能实施；2021 年案例五第 2 问：桥式起重机安装方案论证应由哪个单位来组织？）、案例改错题。

2．施工方案的编制内容及要点（案例题考点）

口助诀记　一概安排，方工保证进被子

图 1H420050-1　施工方案的编制内容及要点

施工方案的编制内容及要点

编制内容　工程概况、编制依据、施工安排、施工进度计划、施工准备与资源配置计划、施工方法及工艺要求、质量安全环境保证措施等

编制要点

工程概况包括工程主要情况、设计简介和工程施工条件等

施工安排：应确定进度、质量、安全、环境、成本和绿色施工等目标；确定施工顺序及施工流水段；确定工程管理的组织机构及岗位职责；针对工程的重点和难点简述主要的管理和技术措施

施工进度计划：应根据施工安排的要求进行编制，采用网络图或横道图表示，并附必要说明

施工准备与资源配置计划：施工准备包括技术准备、现场准备和资金准备；资源配置计划包括劳动力配置计划和物资配置计划

施工方法及工艺要求：应明确分部（分项）工程或专项工程施工方法并进行必要的技术核算；明确主要分项工程（工序）施工工艺要求；明确各工序之间的顺序、平行、交叉等逻辑关系；明确工序操作要点、机具选择、检查方法和要求，明确针对性的技术要求和质量标准；对易发生质量通病、易出现安全问题、施工难度大、技术含量高的分项工程（工序）等做出重点说明；对开发和应用的新技术、新工艺以及采用的新材料、新设备通过必要的试验或论证并制定计划；对季节性施工提出具体要求

质量安全环境保证措施：质量保证措施包括制定工序控制点，明确工序质量控制方法等；安全环境保证措施包括危险源和环境因素的辨识，确定重大危险源和重要环境因素，并制定相应的预防与控制措施

图 1H420050-1　施工方案的编制内容及要点

直击考点 对于施工方案的编制要点，可以考查选择题、案例题，下面看一下近几年考查过的案例小问：
（1）2011 年案例五第 3 问：本工程要编制哪几个新技术的施工方案？方案中的施工方法应有哪些主要内容？
（2）2021 年案例一第 1 问：施工方案中的工序质量保证措施主要有哪些？

3．危大工程专项施工方案的主要内容

◆根据《住房城乡建设部办公厅关于实施〈危险性较大的分部分项工程安全管理规定〉有关问题的通知》（建办质〔2018〕31 号），危大工程专项施工方案的主要内容包括：工程概况、编制依据、施工计划、施工工艺技术、施工安全保证措施、施工管理和作业人员配备和分工、验收要求、应急处置措施、计算书及相关图纸等内容。
◆其中，验收要求：指与施工安全有关的人员、机械设备、施工材料、施工环境、测量手段等施工条件及安全设施的验收确认，包括验收标准、验收程序、验收人员、验收内容。必须注意的是这里的"验收"不是工程质量验收。

直击考点 此处内容在 2021 年的考试中考查了案例补充题：桥式起重机安装方案论证时，还需要补充哪些验收内容？

（1）对于危大工程专项施工方案主要内容中，工程概况、编制依据、施工计划、施工工艺技术、施工安全保证措施、施工管理及作业人员配备和分工、应急处置措施、计算书及相关图纸包括的内容，在以后的考试中会涉及，考生根据教材内容去熟悉一遍即可。

（2）考生需熟悉《住房城乡建设部办公厅关于实施〈危险性较大的分部分项工程安全管理规定〉有关问题的通知》（建办质〔2018〕31号），在案例分析题会涉及该法规相关内容。

4. 机电安装工程中涉及的超过一定规模的危险性较大的分部分项工程范围

◆起重吊装工程：采用非常规起重设备、方法，且单件起吊重量在100kN及以上。
◆起重机械安装和拆卸工程：起重量大于等于300kN，或搭设总高度大于等于200m，或搭设基础标高大于等于200m。
◆钢结构安装工程：跨度大于等于36m。
◆大型结构整体顶升、平移、转体等施工工艺：重量大于等于1000kN。

此处内容可以考查选择题、案例分析题。

5. 常用来进行技术经济分析的施工方案

◆重、大设备或高精密、高价值设备的运输方案、吊装方案。
◆被焊工件厚度或焊接工程量大，以及重要部位或有特殊材料的焊接方案。
◆工程量或交叉施工量大的工程施工组织方案。
◆传统作业技术和采用新技术、新工艺的方案。
◆现场和工厂预制方案。
◆综合系统试验及无损检测方案。
◆特殊作业方案。
◆关键过程技术方案等。

蜀汉差大穿心，雨中无特检

6. 施工方案的技术经济比较（选择题考点）

施工方案的技术经济比较　　　　　　　　　　　　表 1H420050-2

项目	内容
技术先进性比较	比较各方案的技术先进水平、技术创新程度、创新技术点数、实施的安全性
经济合理性比较	比较各方案的一次性投资总额、资金时间价值、对环境影响的程度、产值贡献率、对工程进度和费用的影响、综合性价比
重要性比较	推广应用的价值比较、社会效益的比较

【考点 3】施工总平面布置（☆☆☆）[22 年单选]

1．施工总平面布置的主要内容

> ◆施工用地范围内的地形状况。
> ◆全部拟建的建（构）筑物和其他基础设施的位置。
> ◆施工用地范围内的加工设施、运输设施、存贮设施、供电设施、供水供热设施、排水排污设施、临时施工道路和办公、生活用房等。
> ◆施工现场必备的安全、消防、保卫和环境保护等设施。
> ◆相邻的地上、地下既有建（构）筑物及相关环境。

2．施工总平面的管理（选择题考点）

> ◆工程实行施工总承包的，施工总平面的管理由总承包单位负责；未实行施工总承包的，施工总平面的管理应由建设单位负责统一管理或委托某主体工程分包单位管理。
> ◆施工分包单位对已批准的施工总平面布置，不得随意变动。分包单位的平面布置需要变动，须向施工总平面图管理单位提出书面申请报告，经批准后才能实施。
> ◆施工总平面应进行动态管理。不同的施工阶段绘制阶段性的施工总平面图。

【考点 4】施工组织设计的实施（☆☆☆）[15、21 年案例]

1．施工组织设计的审核及批准

编制原则

谁负责实施，谁组织编制。
施工组织总设计由施工总承包单位组织编制。当工程未实行施工总承包时，施工组织总设计应由建设单位负责组织各施工单位编制。单位工程或专项工程施工组织设计由施工单位组织编制。

审核和审批

施工组织设计编制、审核和审批实行分级管理制度。
施工组织总设计应由总承包单位技术负责人审批后，向监理报批。单位工程施工组织设计应由施工单位技术负责人或技术负责人授权的技术人员审批；专项工程施工组织设计应由项目技术负责人审批；施工单位完成内部编制、审核、审批程序后，报总承包单位审核、审批；然后由总承包单位项目经理或其授权人签章后，向监理报批。工程未实行施工总承包的，施工单位完成内部编制、审核、审批程序后，由施工单位项目经理或其授权人签章后，向监理报批。

图 1H420050-2　施工组织设计的审核及批准

 直击考点　此部分内容属于案例题考点，2015 年考查了案例分析判断题：为什么监理工程师认为项目部对施工组织设计变更的审批手续不符合要求？

2．施工组织设计交底

◆施工组织设计交底的内容包括：**工程特点**、难点；主要**施工工艺**及施工方法；施工**进度安排**；项目**组织机构**设置与分工；**质量**、**安全技术措施**等。

口助诀记　**电视进，组织安**

3．施工方案交底

◆工程施工前，施工方案的编制人员应向施工作业人员进行施工方案交底。除分项、专项工程的施工方案需进行技术交底外，涉及"四新"技术（即新产品、新材料、新技术、新工艺）以及特殊环境、特种作业等也必须向施工作业人员交底。

◆交底内容为该工程的施工**程序**和顺序、**施工工艺**、**操作**方法、**要领**、**质量控制**、**安全措施**等。

口助诀记　**蓄意操领治安**

　此处内容在 2021 年考查了案例简答题：由谁负责向作业人员进行施工方案交底？

4．施工组织设计的实施（案例题考点）

◆施工组织设计一经批准，施工单位和工程相关单位应认真贯彻执行，未经批准不得擅自修改。

◆对于施工组织设计的重大变更，须履行原审批手续。所指的重大变更包括：工程设计有重大修改；有关法律、法规、规范和标准实施、修订和废止；主要施工方法的重大调整；主要施工资源配置的重大调整；施工环境的重大改变等。

1H420060 机电工程施工资源管理

【考点1】人力资源管理要求（☆☆☆☆☆）
［16 年单选，14、17、18、20、22 年案例］

1．人力资源配置

人力资源配置　　　表 1H420060-1

项目	内容
施工现场项目部主要人员的配备	（1）项目部负责人：项目经理、项目副经理、项目技术负责人。 （2）项目部技术人员：根据项目大小和具体情况，按分部、分项工程和专业配备。 （3）项目部现场施工管理人员：施工员、材料员、安全员、机械员、劳务员、资料员、质量员、标准员等必须经培训、考试、持证上岗

续表

项目		内容
机电工程特种作业人员和特种设备作业人员配置要求	特种作业人员要求	涉及的作业范围通常有：电工作业、金属焊接切割作业、起重机械（含电梯）作业、企业内机动车辆驾驶（轮机驾驶）、登高架设作业、锅炉作业（含水质化验）、压力容器操作、爆破作业、放射线作业等
		特种作业人员必须持证上岗。特种作业操作证复审年限，以相关主管部门规定为准。对离开特种作业岗位 6 个月以上的特种作业人员，上岗前必须重新进行考核，合格后方可上岗作业
	特种设备作业人员的要求	（1）焊工合格证（合格项目）有效期以相关主管部门规定为准。中断受监察设备焊接工作 6 个月以上的，再从事受监察设备焊接工作时，必须重新考试 （2）无损检测人员的要求： ①Ⅰ级人员可进行无损检测操作，记录检测数据，整理检测资料。 ②Ⅱ级人员可编制一般的无损检测程序，并按检测工艺独立进行检测操作，评定检测结果，签发检测报告。 ③Ⅲ级人员可根据标准编制无损检测工艺，审核或签发检测报告，解释检测结果，仲裁Ⅱ级人员对检测结论的技术争议

此部分内容可以考查选择题、案例题，在理解的基础上记忆。案例题考查形式小结：

（1）判断某种作业人员（如脚手架人员）是否需要持证上岗，为什么？

（2）哪些人员属于特种人员？

（3）判断对某种作业人员（如焊工）的安排有哪些不妥之处。

2．劳动管理

◆**优化配置劳动力的依据**：项目所需劳动力的种类及数量；项目的进度计划；项目的劳动力资源供应环境。

此处内容在 2014 年、2018 年均考查了案例简答题：劳动力优化配置的依据有哪些？

◆**劳动力的动态管理**：是指根据生产任务和施工条件的变化对劳动力进行跟踪平衡、协调，以解决劳务失衡、劳务与生产要求脱节的动态过程。

此处内容在 2022 年均考查了案例简答题：电力公司如何对劳务人员进行动态管理？

【考点 2】工程材料管理要求（☆☆☆）[17 年多选，13、19 年案例]

1. 材料进场验收和库存管理要求

材料进场验收和库存管理要求　　　　　　　　表 1H420060-2

项目	内容
材料进场验收要求 （案例题考点）	（1）进场验收、复检。在材料进场时必须根据进料计划、送料凭证、质量保证书或产品合格证，进行材料的数量和质量验收；要求复检的材料应有取样送检证明报告。 （2）按验收标准、规定验收。验收工作按质量验收规范和计量检测规定进行。 （3）验收内容应完整。包括品种、规格、型号、质量、数量、证件等。 （4）做好记录、办理验收。验收要做好记录、办理验收手续。 （5）不符合、不合格拒绝接收
材料库存管理要求	专人管理、建立台账、标识清楚、安全防护、分类存放、定期盘点

 此部分内容中，重点掌握材料进场验收的内容，该知识点一般考查案例分析题：如 2013 年案例二第 3 问：施工单位对建设单位供应的 H 型钢放宽验收要求的做法是否正确？说明理由。施工单位对这批 H 型钢还应做出哪些检验工作？

2. 材料领发要求

> ◆建立领发料台账。记录领发和节超状况。
> ◆限额领料。凡有定额的工程用料，凭限额领料单领发材料。
> ◆定额发料。施工设施用料也实行定额发料制度，以设施用料计划进行总控制。
> ◆超限额用料经签发批准。在用料前应办理手续，填写限额领料单，注明超耗原因，经签发批准后实施。

 该知识点一般考查案例简答题：如 2013 年案例二第 4 问：针对事件 3 所述的材料管理失控现象，项目部在材料管理上应做出哪些改进？

【考点 3】工程设备管理要求（☆☆☆☆☆）[19、21 年案例]

1. 大件工程设备运输的要求

图 1H420060-1　大件工程设备运输的要求

 此处内容在 2012 年考查了案例简答题：在主变压器通过桥梁前，除了考虑桥梁的当时状况外，还要考虑哪些因素，相应采取的主要措施有哪些？

沿途公路作业：在大件设备运输前应会同有关单位对道路地下管线设施进行检查、测量、计算，由此确定行驶路线和需采取的措施

沿途桥梁作业：按照车辆运输行走路线，按桥梁的设计负荷、使用年限及当时状况，车辆行驶前对每座桥梁进行了检测、计算，并采取了相关的修复和加固措施

现场道路作业：道路两侧用大石块填充并盖厚钢板加固；车辆停靠指定位置后，考虑顶升、平移、拖运等作业工作，在作业区内均铺设厚钢板增加承载力；沿途其他施工用的障碍物要尽数拆除和搬离

2. 设备验收工作的组织和人员要求

◆ 验收工作在业主的组织下进行。
◆ 设备管理人员必须掌握了解有关技术协议以作为设备开箱验收、入库、发放的依据。
◆ 开箱检验以供货方提供的装箱单为依据，验收结果让各方代表签字存档。

【考点 4】施工机械管理要求（☆☆☆）

施工机械设备操作人员的要求（案例题考点）：

◆ 严格按照操作规程作业，搞好设备日常维护，保证机械设备安全运行。
◆ 特种作业严格执行持证上岗制度并审查证件的有效性和作业范围。
◆ 逐步达到施工机械的"四懂三会"的要求。
◆ 做好机械设备运行记录，填写项目真实、齐全、准确。

【考点 5】施工技术与信息化管理要求（☆☆☆☆☆）[18 年多选，15、19 年案例]

1. 施工技术交底管理

施工技术交底管理　　　　　　　　　　　　　　　　　　　　　表 1H420060-3

项目	内容
施工技术交底组织	技术交底应分层次展开，直至交底到施工操作人员。交底必须在作业前进行，并有书面交底资料。在工程开工前界定重要项目，对于重要项目的技术交底文件，应由项目技术负责人审核或批准，交底时技术负责人应到位
	直击考点 （1）此处内容在 2019 年考试中考查了案例简答题：空调工程的施工技术方案编制后应如何组织实施交底？重要项目的技术交底文件应由哪个施工管理人员审批？ （2）此处内容在过去的考试中是这样考查的：栈桥吊装应在什么时间进行技术交底？由谁向谁交底？
施工技术交底内容	施工技术交底有：设计交底，施工组织设计交底，施工方案交底，设计变更交底等
	技术交底主要包括施工工艺与方法、技术要求、质量要求、安全要求及其他要求等
	直击考点 此处内容可以这样提问：施工技术交底内容有哪些？
	机电安装工程技术交底的重点：设备构件的吊装；焊接工艺与操作要点；调试与试运行；大型设备基础埋件、构件的安装；隐蔽工程的施工要点；管道的清洗、试验及试压等
	安全技术交底主要包括的项目有：大件物品的起重与运输、高空作业、地下作业、大型设备的试运行以及其他高风险的作业等

2．设计变更管理（案例题考点）

设计变更管理

表 1H420060-4

项目	内容
设计变更的要求	如发现设计有问题或因施工方面的原因要求变更设计，应提出变更申请，办理签认后方可更改
设计变更审批手续	（1）小型设计变更：由项目部提出设计变更申请单，经项目部技术管理部门审核，由现场设计、建设（监理）单位代表签字同意后生效。 **直击考点** 此处内容在 2019 年考查了案例简答题：写出工艺管道材料代用时需要办理的手续。 （2）一般设计变更：由项目部的专业工程师提出设计变更申请单，经项目部技术管理部门审签后，送交建设（监理）单位审核。经设计单位同意后，由设计单位签发设计变更通知书并经建设单位（监理）会签后生效。 （3）重大设计变更：由项目部总工程师组织研究、论证后，提交建设单位组织设计、施工、监理单位进一步论证、审核，决定后由设计单位修改设计图纸并出具设计变更通知书，还应附有工程预算变更单，经建设、监理、施工单位会签后生效 **直击考点** 此处内容在 2015 年考查了案例简答题：项目部应如何变更图纸？

3．机电管线及设备工厂化预制技术（选择题考点）

◆工厂模块化预制技术从设计、生产到安装和调试深度结合集成，实现建筑机电安装标准化、产品模块化及集成化。
◆提高生产效率和质量水平，降低建筑机电工程建造成本，减少现场施工工程量、缩短工期、减少污染、实现建筑机电安装全过程绿色施工。

【考点6】资金使用管理要求（☆☆☆）[22年单选]

资金使用的控制（选择题考点）：

资金使用的控制

表 1H420060-5

方面	内容
储备金控制	控制的方法有：认真编制材料采购计划。加强库存管理，掌握库存动态，做到账实相符。实行限额领料。严格控制材料耗用、材料代用和材料串用
生产资金控制	控制方法有：合理安排施工，严格施工管理，正确处理施工过程的矛盾。准确掌握施工进度。尽量做到资金供应、物资供应、材料供应和工程进度相一致。缩短工期，收回资金。节约生产费用，不断降低工程成本，提高劳动生产率，节约材料消耗，提高工程质量，避免返工损失
结算资金的控制	主要包括：应收工程款、应收销货款和其他应收款
	对结算资金控制的主要要求是：尽快收回，转化为货币资金
	具体措施有：经常清理检查，严格执行结算纪律
资金使用考核	考核资金使用效果的指标主要有资金周转率、资金产值率、资金利用率等

1H420070 机电工程施工协调管理

【考点1】施工现场内部协调管理（☆☆☆☆☆）
[17、22 年单选，18 年多选，16、20 年案例]

1. 内部协调管理的分类

内部协调管理的分类　　　　　　　　　　　　　　　　　表 1H420070-1

分类	内容
与施工进度计划安排的协调	机电工程施工进度计划安排受工程实体现状、机电安装工艺规律、设备材料进场时机、施工机具作业人员配备和施工场地环境等诸多因素的制约，协调管理的作用是把制约作用转化成和谐有序相互创造的施工条件，使进度计划安排衔接合理、紧凑可行，符合总进度计划要求 **直击考点** 此处内容在 2016 年考查了案例简答题：项目部依据进度计划安排施工时可能受到哪些因素的制约？工程分包的施工进度协调管理有哪些作用？
与施工资源分配供给的协调	施工资源分配供给协调要注意符合施工进度计划安排、实现优化配置、进行动态调度、合理有序供给、发挥资金效益，尤其是资金资源的调度使用对资源管理协调的成效起着基础性的保证作用
与施工质量管理的协调	质量管理协调主要作用于质量检查、检验计划编制与施工进度计划要求的一致性，作用于质量检查或验收记录的形成与施工实体进度形成的同步性，作用于不同专业施工工序交接间的及时性，作用于发生质量问题后处理的各专业间作业人员的协同性 **直击考点** 此处内容在 2020 年考查了案例简答题：电缆排管施工中的质量管理协调有哪些同步性作用？
与施工安全管理的协调	安全管理协调主要作用于全场安全检查计划中部位和顺序的安排，作用于各专业施工用公用安全设施的设立、使用和维修，作用于各专业在同一场所施工时对因作业可能危害他人安全而采取防护措施的设定及实施，作用于突发安全事故应采取的应急预案之培训、演练有效性评审及维护

 直击考点 此部分内容可以考查选择题、案例题，在理解的基础上记忆。

2. 机电工程项目内部协调管理的措施（选择题考点）

◆**组织措施**。项目部建立协调会议制度，定期组织召开协调会，解决施工中需要协调的问题。
◆**制度措施**。项目部有健全的规章制度，明确的责任和义务，使协调管理有章可循，各类人员、各级组织的责任明确，则协调后的实施能落实到位。建立由管理层到施工班组的责任制度，在责任制度的基础上建立奖惩制度,提高施工人员的责任心和积极性,建立以项目经理为责任人的质量问题责任制度。
◆**教育措施**。使项目部全体员工明白工作中的管理协调是从全局利益出发，可能对局部利益或小部分人利益发生损害，也要服从协调管理的指示。
◆**经济措施**。对协调管理中受益者要按规定收取费用，给予受损者适当补偿。

3．项目部对工程分承包单位协调管理的重点（选择题考点）

◆施工进度计划安排、临时设施布置。
◆甲供物资分配、资金使用调拨。
◆质量安全制度制定、重大质量事故和重大工程安全事故的处理。
◆竣工验收考核、竣工结算编制和工程资料移交。

【考点2】施工现场外部协调管理（☆☆☆☆☆）[多选，案例]

机电工程项目施工现场外部协调管理（案例题考点）：

机电工程项目施工现场外部协调管理　　　　　　　　　　　　表1H420070-2

外部协调	协调单位
机电工程项目部与施工单位有合同契约关系单位的协调	发包单位、业主及其代表监理单位；材料供应单位或个人；设备供应单位；施工机械出租单位；经委托的检验、检测、试验单位；临时设施场地或建筑物出租单位或个人；其他
机电工程项目部与施工单位有洽谈协商记录的单位的协调	工程设计单位；与工程试运行相关的市政供水、供气、供热、供电单位；交通市政运输道路管理以及航道、车站、港口、码头等管理单位；通信、污水排放、建筑垃圾处置等管理单位；其他
机电工程项目部对施工行为监督检查单位的协调	工程质量监督机构；施工安全监督机构；特种设备安全监督机构；消防安全监督机构；环保监察机构；海关和检验检疫机构；其他
机电工程项目部与人员驻地生活直接相关的单位或个人的协调	工程所在地的基层行政机构；工程所在地的公安机构；工程所在地的医疗机构；租用临时设施的出租房；工程周边的居民；其他

 此部分内容在2012年考查案例简答题：主变压器运输中设备公司需要与哪些单位沟通协调？

1H420080 机电工程施工进度管理

【考点1】施工进度计划类型与编制（☆☆☆）[18、19年案例]

1．横道图施工进度计划

◆横道图施工进度计划不能反映工作所具有的机动时间，不能反映影响工期的关键工作和关键线路，也就无法反映整个施工过程的关键所在，因而不便于施工进度控制人员抓住主要矛盾，不利于施工进度的动态控制。
◆工程项目规模大、工艺关系复杂时，横道图施工进度计划就很难充分暴露施工中的矛盾。

直击考点 此处内容在 2019 年考查了案例简答题：横道图施工进度计划这种表示方式的施工进度计划有哪些欠缺？

2. 机电工程进度计划编制的注意要点

◆确定机电工程项目施工顺序，要突出主要工程，要满足先地下后地上、先干线后支线等施工基本顺序要求，满足质量和安全的需要，注意生产辅助装置和配套工程的安排。

 直击考点 此处内容在过去考试中考查了案例分析题：根据建筑物设备布置和要求应怎样合理安排设备就位的顺序？理由是什么？

3. 双代号网络计划工期的计算与关键线路的确定

◆【方法一】标号法：就是从网络图的起点节点，顺着箭线的方向标号，待全部节点标号完成后，从终点节点开始逆着箭线的方向来找出关键线路。关键线路上的持续时间之和就是工期。

◆【方法二】对比法：就是把整个网络图拆解为几个局部网络图，计算局部网络图中的每一条线路的持续时间之和，保留持续时间之和最大的一条（或几条）线路上的工作，把不保留的工作舍弃，待所有局部网络图都拆解、保留、舍弃完成后，保留下来的所有工作就都是关键工作，把这些工作连接成完整的线路就是关键线路。关键线路上的持续时间之和就是工期。

◆【方法三】列举法：就是把网络图中所有的线路逐一找出来，通过计算取最大值的线路就是关键线路。关键线路上的持续时间之和就是工期。

◆【方法四】双标号法：可以计算网络图的六个时间参数，可以确定关键线路和计算工期。

◆【方法五】六时标注法：比较复杂，不提倡采用这个方法计算。

4. 双代号时标网络计划工期的计算与关键线路的确定

◆计划工期就是网络图终点节点所对应的时标值。
◆关键线路就是自始至终不出现波形线的线路。

【考点 2】施工进度计划调整（☆☆☆☆）[14、16、17、18 年案例]

1. 进度偏差或调整对总工期或后续工作影响的判断（高频考点，案例题考点）

进度偏差或调整对总工期或后续工作影响的判断　　　　表 1H420080-1

偏差	是否影响后续工作	是否影响总工期
＞总时差	是	是
＜总时差	—	否
＞自由时差	是	—
＜自由时差	否	否

2．双代号网络计划及调整后的总时差与自由时差的计算

◆【方法】双标号法：可以计算网络图的六个时间参数，可以确定关键线路和计算工期。
工作的总时差 = 该工作最迟完成时间 – 最早完成时间
　　　　　　 = 该工作最迟开始时间 – 最早开始时间
工作的自由时差通过标记在工作上的虚线来确定。

3．施工进度计划调整方法

◆改变某些工作的衔接关系、缩短某些工作的持续时间。

4．施工进度计划调整的内容

◆有施工内容、工程量、起止时间、持续时间、工作关系、资源供应等。

直击考点　此处内容在2014年考查了案例简答题：写出施工进度计划调整的内容。

【考点3】工程费用–进度偏差分析与控制（☆☆☆☆）[13、15、17、20、22年案例]

赢得值法（高频考点，案例题考点）：

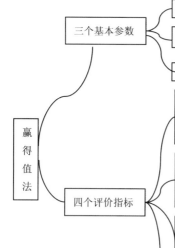

三个基本参数
- 已完工作预算投资（BCWP）=已完成工作量×预算单价
- 计划工作预算投资（BCWS）=计划工作量×预算单价
- 已完工作实际投资（ACWP）=已完成工作量×实际单价

四个评价指标

费用偏差（CV）=已完工作预算费用（BCWP）－已完工作实际费用（ACWP）
CV为负，表示实际费用超过预算费用即超支；CV为正，表示实际费用低于预算费用，表示节支或效率高；CV=0时，表示项目按计划执行

进度偏差（SV）=已完工作预算投资（BCWP）－计划工作预算投资（BCWS）
SV为负，表示进度延误，实际进度落后于计划进度；SV为正，表示进度提前，实际进度快于计划进度；SV=0时，表明项目进度按计划执行

费用绩效指数（CPI）=已完工作预算费用（BCWP）/已完工作实际费用（ACWP）
CPI<1时，表示超支，即实际费用高于预算费用；CPI>1时，表示节支，即实际费用低于预算费用；CPI=1时，表示实际费用与预算费用吻合，表明项目费用按计划进行

进度绩效指数（SPI）=已完工作预算费用（BCWP）/计划工作预算费用（BCWS）
SPI<1时，表示进度延误，即实际进度比计划进度拖后；SPI>1时，表示进度提前，即实际进度比计划进度快；SPI=1时，表示实际进度等于计划进度

图 1H420080-1　赢得值法

1H420090 机电工程施工成本管理

【考点1】施工成本计划编制（☆☆☆）[14、18年案例]

计算成本降低率（案例计算题）：

◆ 计算成本降低率：（计划费用 – 实际费用）/ 计划费用

【考点2】施工成本计划实施（☆☆☆）[17年案例]

成本计划实施的步骤：

◆ 成本预测→成本计划→成本控制→成本核算→成本分析→成本考核。
◆ 成本控制主要从人工费、材料费、机械费、管理费等方面进行控制。

【考点3】施工成本控制措施（☆☆☆☆☆）
[19年单选，多选，13、17、21年案例]

1. 各阶段项目成本控制的要点（选择题考点）

各阶段项目成本控制的要点　　　　　　　　　　表 1H420090-1

项目	内容
施工准备阶段项目成本的控制要点	（1）优化施工方案，对施工方法、施工顺序、机械设备的选择、作业组织形式的确定、技术组织措施等方面进行认真研究分析，运用价值工程理论，制定出技术先进、经济合理的施工方案。 （2）编制成本计划并进行分解。 （3）做出施工队伍、施工机械、临时设施建设等其他间接费用的支出预算，进行控制
施工阶段项目成本的控制要点	（1）对分解的成本计划进行落实。 （2）记录、整理、核算实际发生的费用，计算实际成本。 （3）进行成本差异分析，采取有效的纠偏措施，充分注意不利差异产生的原因，以防对后续作业成本产生不利影响或因质量低劣而造成返工现象。 （4）注意工程变更，关注不可预计的外部条件对成本控制的影响

2．施工成本控制措施

此处内容在 2010 年的考试中考查了案例简答题：
说明应如何控制劳动力成本。

人工费成本的控制措施	严格劳动组织，合理安排生产工人进出厂时间；严密劳动定额管理，实行计件工资制；加强技术培训，强化生产工人技术素质，提高劳动生产率
工程设备成本控制措施	加强工程设备管理，控制设备采购成本、运输成本、设备质量成本
材料成本的控制措施	材料采购方面从量和价两个方面控制。尤其是项目含材料费的工程，如非标准设备的制作安装。材料使用方面，从材料消耗数量控制，采用限额领料和有效控制现场施工耗料
施工机械成本的控制措施	优化施工方案；严格控制租赁施工机械；提高施工机械的利用率和完好率

1H420090-1 施工成本控制措施

1H420100 机电工程施工预结算

【考点 1】施工图预算及安装定额的应用（☆☆☆☆☆）[21 年单选，多选，案例]

本考点为非重点内容，适当记忆。

综合单价法（选择题考点）：

综合单价法

全费用综合单价

单价中综合了分项工程人工费、材料费、机械费、管理费、利润、规费、人材机价差、税金以及一定范围的风险等全部费用。
公式：建筑安装工程预算造价 ＝Σ（分项工程量×分项工程全费用综合单价）＋措施项目完全价格

清单综合单价

单价中综合了分项工程人工费、材料费、机械费、管理费、利润、人材机价差以及一定范围的风险费用，但并未包括措施费、规费和税金，因此它是一种不完全综合单价。
公式：建筑安装工程预算造价 ＝Σ（分项工程量×分项工程综合单价）＋措施项目不完全价格＋规费＋税金

1H420100-1 综合单价法

【考点 2】工程量清单的组成与应用（☆☆☆）

本考点为非重点内容，在复习时间不充裕的情况下可以不看。

工程量清单综合单价的构成：

◆分部分项工程费、措施项目费和其他项目费均采用综合单价计价，综合单价由完成规定计量单位工程量清单项目所需的人工费、材料费、机械使用费、管理费、利润等费用组成，并考虑一定的风险费。
◆工程全费用为：分部分项工程量费＋措施项目费＋其他项目费＋规费＋税金。

1H420110 机电工程施工现场职业健康安全与环境管理

【考点1】风险管理策划（☆☆☆☆☆）[13、15、18、20、22年案例]

1．风险识别（案例分析图、案例识图题）

◆应重点进行风险识别的作业：不熟悉的作业，如采用新材料、新工艺、新设备、新技术的"四新"作业。临时作业，如维修作业、脚手架搭设作业。造成事故最多的作业，如动火作业。存在严重伤害危险的作业，如起重吊装作业。已有控制措施不足以把风险降到可接受范围的作业。
◆危险源识别：设施的不安全状态；人的不安全行为；可能造成职业病、中毒的施工环境和条件；管理缺陷。

该部分知识点属于案例题考点，一般考查案例分析题、案例识图题，下面看一下近几年考查过的案例题型：

（1）案例分析题：2015年案例四第3问：塔楼作业区域还有哪些危险源因素；2018年案例三第2问：钢结构平台在吊装过程中，吊装设施的主要危险因素有哪些；2022年案例五第2问：项目部还应在预制厂识别出模块制造时的哪些风险？

（2）案例识图题：2020年案例三第2问：分析料仓安装示意图中存在哪些安全事故危险源？

2．料仓安装示意图

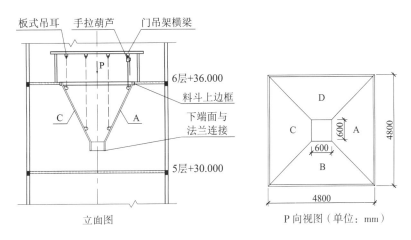

图1H420110-1　料仓安装示意图

（1）该料仓盛装的浆糊流体介质温度约 42℃，料仓外壁保温材料为半硬质岩棉制品。料仓由 A、B、C、D 四块不锈钢壁板组焊而成，尺寸和安装位置如上图所示，要求识别上图中存在哪些安全事故危险源？

（2）上图中的料仓上口洞无防护栏杆，料仓未形成整体，临时固定坍塌。存在高空坠落、物体打击安全事故危险源。

【考点 2】应急预案的分类与实施（☆☆☆）[20 年单选，15、21 年案例]

1. 应急预案的分类（案例题考点）

◆生产经营单位应急预案分为综合应急预案、专项应急预案和现场处置方案。

 此处内容在 2015 年考查了案例简答题：应急预案分为哪几类？

◆综合应急预案应当规定应急组织机构及其职责、应急预案体系、事故风险描述、预警及信息报告、应急响应、保障措施、应急预案管理等内容。
◆专项应急预案应当规定应急指挥机构与职责、处置程序和措施等内容。
◆现场处置方案应当规定应急工作职责、应急处置措施和注意事项等内容。
◆应急预案应当至少每 3 年修订 1 次，预案修订情况应有记录并归档。

 综合应急预案、专项应急预案、现场处置方案的内容可以考查案例简答题、案例补充题。

2. 应急预案演练（案例题考点）

应急预案演练　　　　　　　　　　　　　表 1H420110-1

项目	内容
应急预案演练计划	（1）生产经营单位应当制定本单位的应急预案演练计划，根据本单位的事故风险特点，每年至少组织一次综合应急预案演练或者专项应急预案演练，每半年至少组织一次现场处置方案演练。 （2）施工单位、人员密集场所经营单位应当至少每半年组织一次生产安全事故应急预案演练，并将演练情况报送所在地县级以上地方人民政府负有安全生产监督管理职责的部门
演练效果评估	（1）应急预案编制单位应当建立应急预案定期评估制度，对预案内容的针对性和实用性进行分析，并对应急预案是否需要修订作出结论。 （2）应急预案演练结束后，应急预案演练组织单位应当对应急预案演练效果进行评估，撰写应急预案演练评估报告，分析存在的问题，并对应急预案提出修订意见。 （3）建筑施工企业应当每三年进行一次应急预案评估

 此处内容在 2021 年考查了案例简答题：本工程中，工程公司应当多长时间组织一次现场处置方案演练？应急预案演练效果应由哪个单位来评估？

【考点3】职业健康和安全实施要求（☆☆☆☆☆）[多选，14、15、20年案例]

1.建筑行业机电工程安装职业病危害因素

建筑行业机电工程安装职业病危害因素　　　　　　　　　　表 1H420110-2

工种	主要职业病危害因素	可能引起的法定职业病	主要防护措施
机械设备安装工	噪声、高温、高处作业	噪声聋、中暑	护耳器、热辐射防护服
电气设备安装工	噪声、高温、高处作业、工频磁场、工频电场	噪声聋、中暑	护耳器、热辐射（工频电磁场）防护服
管工	噪声、高温、粉尘、高处作业	噪声聋、中暑、尘肺	护耳器、热辐射防护服、防尘口罩
电焊工	电焊烟尘、锰及其化合物、一氧化碳、氮氧化物、臭氧、紫外线、红外线、高温、高处作业	电焊工尘肺、金属烟热、化学物中毒、电光性眼（皮）炎、中暑	防尘防毒口罩、护目镜、防护面罩、热辐射防护服

 上表内容在 2020 年考试中考查了案例分析题：不锈钢壁板组对焊接作业过程中存在哪些职业健康危害因素？

2.安全生产组织

安全生产组织　　　　　　　　　　表 1H420110-3

项目	内容
安全生产监督管理的部门成立	应成立由项目经理担任组长的安全生产领导小组，根据生产实际情况设立负责安全生产监督管理的部门，并足额配备专职安全生产管理人员
总承包工程专职安全生产管理人员按工程合同价和专业配备（案例计算题）	（1）5000 万元以下的工程不少于 1 人。 （2）5000 万~1 亿元的工程不少于 2 人。 （3）1 亿元及以上的工程不少于 3 人
分包单位专职安全生产管理人员配备（案例计算题）	（1）专业承包单位应当配置至少 1 人，并根据所承担的分部分项工程的工程量和施工危险程度增加。 （2）项目施工人员 50 人以下的，应当配备 1 名专职安全生产管理人员。 （3）项目施工人员 50~200 人的，应当配备 2 名专职安全生产管理人员。 （4）项目施工人员 200 人及以上的，应当配备 3 名及以上专职安全生产管理人员，并根据所承担的分部分项工程施工危险实际情况增加，不得少于工程施工人员总人数的 5‰

 此处内容主要考查配备的安全员人数是否合法。

3. 安全生产责任制

安全生产责任制　　　　　　　　　　　　　表 1H420110-4

项目	内容
第一责任人	项目经理是项目安全生产第一责任人，对项目的安全生产工作负全面责任
项目经理安全生产职责 （案例补充题、案例简答题）	（1）全面负责项目的安全生产工作，是项目安全生产的第一责任人。 （2）严格执行安全生产法规、规章制度，与项目管理人员和项目分包单位签订安全生产责任书。 （3）负责建立项目安全生产管理机构并配备安全管理人员，建立和完善安全管理制度。 （4）组织制订项目安全生产目标和施工安全管理计划，并贯彻落实。 （5）组织并参加项目定期的安全生产检查，落实隐患整改，编制应急预案并演练。 （6）及时、如实报告生产安全事故，配合事故调查

 对于项目经理安全生产职责，此处内容在 2009 年考查了案例补充题：背景资料中，项目经理还应负哪些安全职责？

4. 安全检查

◆安全检查类型应包括日常巡查、专项检查、季节性检查、定期检查、不定期抽查、飞行检查等。

◆安全检查工作应制度化、标准化、经常化。

◆安全检查的重点是：违章指挥和违章作业、直接作业环节的安全保证措施等。

口助诀记　布丁非转日籍

 此处内容在 2015 年考查了案例简答题：根据背景资料，归纳施工现场安全检查的重点。

5. 生产安全事故

◆安全事故一般分为特别重大事故、重大事故、较大事故、一般事故四个等级。

◆事故发生后，事故现场有关人员应当立即向本单位负责人报告；单位负责人接到报告后，应当于 1h 内向事故发生地县级以上人民政府安全生产监督管理部门和负有安全生产监督管理职责的有关部门报告。

 （1）此处内容在 2014 年考查了案例分析题（安全事故属于哪个等级）、案例简答题（该单位负责人应在多长时间内向安全监督管理部门报告）。

（2）还需熟悉的法规：《生产安全事故报告和调查处理条例》。

【考点 4】绿色施工实施要求（☆☆☆☆）[14、15、16、17、22 年案例]

1. 四节一环保

◆节能、节材、节水、节地和环境保护。

 此处内容可以考查案例补充题：如 2015 年案例一第 1 问：绿色施工要点还应包括哪些方面的内容，2022 年案例五第 1 问：项目部的绿色施工策划还应补充哪些内容；也可以考查案例简答题：绿色施工要点应包括哪些方面的内容？

2. 绿色施工环境保护技术要点（案例题考点）

绿色施工环境保护技术要点　　　　　　表 1H420110-5

项目	内容
扬尘控制	（1）运送土方、垃圾、设备及建筑材料等时，不应污损道路。运输容易散落、飞扬、流漏的物料的车辆，应采取措施封闭严密。施工现场出口应设置洗车设施，保持开出现场车辆的清洁。 （2）现场道路、加工区、材料堆放区宜及时进行地面硬化。 （3）土方作业阶段，采取洒水、覆盖等措施，达到作业区目测扬尘高度小于 1.5m，不扩散到场区外。 （4）对易产生扬尘的堆放材料应采取覆盖措施；对粉末状材料应封闭存放
噪声与振动控制	（1）在施工场界对噪声进行实时监测与控制，现场噪声排放不得超过国家标准《建筑施工场界环境噪声排放标准》GB 12523—2011 的规定。 （2）尽量使用低噪声、低振动的机具，采取隔声与隔振措施
光污染控制	（1）夜间电焊作业应采取遮挡措施，避免电焊弧光外泄。 （2）大型照明灯应控制照射角度，防止强光外泄
土壤保护	（1）保护地表环境，防止土壤侵蚀、流失。因施工造成的裸土应及时覆盖。 （2）污水处理设施等不发生堵塞、渗漏、溢出等现象。 （3）防腐保温用油漆、绝缘脂和易产生粉尘的材料等应妥善保管，对现场地面造成污染时应及时进行清理。 （4）对于有毒有害废弃物应回收后交有资质的单位处理，不能作为建筑垃圾外运。 （5）施工后应恢复施工活动破坏的植被

 （1）此部分内容可以考查案例补充题、案例简答题（2014 年案例一第 3 问：写出施工总承包单位组织夜间施工的正确做法；2016 年案例四第 5 问：写出本工程绿色施工中的土壤保护要点。）
　　（2）绿色施工环境保护技术要点中节材与材料资源利用技术要点、节水与水资源利用的技术要点、节能与能源利用的技术要点、节地与施工用地保护的技术要点的内容在近几年考试中涉及较少，考生自行复习此处内容即可。

3. 绿色施工评价（案例题考点）

◆绿色施工每个要素由若干项评价指标构成，评价指标按其重要性和难易程度可分为以下三类：控制项、一般项、优选项。

 直击考点 此处内容在 2017 年考查了案例简答题：绿色施工评价指标按其重要性和难易程度分为哪三类？

◆根据控制项的符合情况和一般项、优选项得分进行评价，绿色施工每个要素的评价等级可分为以下三个档次：不合格、合格、优良。
◆绿色施工项目自评次数每月不应少于 1 次，且每阶段不应少于 1 次。
◆评价组织：单位工程绿色施工评价应由建设单位组织，项目部和监理单位参加；单位工程施工阶段评价应由监理单位组织，建设单位和项目部参加；单位工程施工批次评价应由施工单位组织，建设单位和监理单位参加。

 直击考点 此处内容在 2017 年考查了案例简答题：单位工程施工阶段的绿色施工评价应由哪个单位负责组织？

【考点 5】文明施工实施要求（☆☆☆）

 直击考点 本考点为非重点内容，适当记忆。

1. 临时用电要求（案例简答题）

◆施工区、生活区、办公区的配电线路架设和照明设备、灯具的安装、使用应符合规范要求；特殊施工部位的用电线路按规范要求采取特殊安全防护措施。
◆配电箱和开关箱选型、配置合理，安装符合规定，箱体整洁、牢固。
◆电动机具电源线压接牢固，绝缘完好；电焊机一、二次线防护齐全，焊把线双线到位，无破损。
◆临时用电有方案和管理制度，值班电工个人防护整齐，持证上岗；值班、检测、维修记录齐全。

2. 保卫消防要求

◆施工现场有保卫、消防制度和方案、预案，有负责人和组织机构，有检查落实和整改措施。
◆施工现场出入口设警卫室。
◆施工现场有明显防火标志，消防通道畅通，消防设施、工具、器材符合要求；施工现场不准吸烟。
◆易燃、易爆、剧毒材料必须单独存放，搬运、使用符合标准；明火作业要严格审批程序。

 直击考点 此处内容在 2012 年考试中考查了案例简答题：列出现场消防管理的主要具体措施。

1H420120 机电工程施工质量管理

【考点 1】施工质量影响因素的预控（☆☆☆）[16、19、22 年案例]

1.不合格品控制（案例题考点）

◆对检验和试验中发现的不合格品，按规定进行标识、记录、评价、隔离，防止非预期的使用或交付。
◆采用返修、加固、返工、让步接受和报废措施，对不合格品进行处置。

 此处内容在 2022 年考试中考查了案例简答题：当发现不合格的信号线时应如何处理？

2.质量预控方案的内容

◆主要包括：工序/过程名称（背景中是什么名称就写什么名称）、可能出现的质量问题（从五大施工生产要素开始）、提出的质量预控措施（针对五大施工生产要素的具体情况，做出相应的措施）三部分。

 （1）在以前的考试中考查了案例描述题：为保证地下室管道焊接质量，针对环境条件编制质量预控方案。
（2）此处内容在 2019 年考试中考查了案例简答题：水泵安装质量预控方案包括哪几方面内容？

3.管道焊接过程质量预控表

管道焊接过程质量预控表	表 1H420120-1

可能出现的质量问题	质量预控措施
裂纹	控制焊材发放，防止错用；进行焊前预热，采取焊后缓冷或热处理
夹渣	严格按工艺卡施焊；控制清根质量；保持现场清洁；采取防风沙措施；确保设备完好
气孔	进行焊材烘干；配备焊条保温桶；采取防风措施；控制氩气纯度；焊接前进行预热
未焊透	检查坡口质量；控制组对间隙；控制焊接电流电压；对电焊机仪表进行检定
未融合	组对后由技术人员检查对口错边量；对管子壁厚不一致进行过渡处理
外观成型差	控制设备故障；按工艺卡控制电流电压；控制焊接层数；控制持证项目

 此处内容在 2016 年考试中考查了案例简答题：针对气孔数量超标缺陷，A 公司在管道焊接过程中应采取哪些质量预控措施？

【考点2】施工质量检验的类型及规定（☆☆☆☆）
[19、20年单选，16、18、20年案例]

1.施工质量"三检制"（案例简答题）

◆自检：指由施工人员对自己的施工作业或已完成的分项工程进行自我检验，实施自我控制、自我把关，及时消除异常因素，以防止不合格产品进入下道工序。
◆互检：指同组施工人员之间对所完成的作业或分项工程进行互相检查，或是本班组的质量检查员的抽检，或是下道作业对上道作业的交接检验，是对自检的复核和确认。
◆专检：指质量检验员对分部、分项工程进行检验，用以弥补自检、互检的不足。

考查形式为：（1）在分项工程检验中，专检有什么作用？
（2）简要说明施工现场工序检查的三检制含义。

2.施工质量检验（选择题考点）

1H420120-1 施工质量检验

3.不合格品处置

不合格品处置　　　　　　　　　　　　　　　　　　　　　　表1H420120-2

项目	内容
不合格物资处置	（1）当发现不合格物资时，应及时停止该工序的施工作业或停止材料使用，并进行标识隔离。 （2）已经发出的材料应及时追回。 （3）属于业主提供的设备材料应及时通知业主和监理。 （4）对于不合格的原材料，应联系供货单位提出更换或退货要求。 （5）已经形成半成品或制成品的过程产品，应组织相关人员进行评审，提出处置措施。 （6）实施处置措施
不合格工序处置	（1）返修处理：工程质量未达到规范、标准或设计要求，存在一定缺陷，但通过修补或更换器具、设备后，可使产品满足预期的使用功能，可以进行返修处理。 （2）返工处理：工程质量未达到规范、标准或设计要求，存在质量问题，但通过返工处理可以达到合格标准要求的，可对产品进行返工处理。 （3）不作处理：某些工程质量虽不符合规定的要求，但经过分析、论证、法定检测单位鉴定和设计等有关部门认可，对工程或结构使用及安全影响不大、经后续工序可以弥补的；或经检测鉴定虽达不到设计要求，但经原设计单位核算，仍能满足结构安全和使用功能的，也可不作专门处理。 （4）降级使用（限制使用）：工程质量缺陷按返修方法处理后，无法保证达到规定的使用要求和安全要求，又无法返工处理，可作降级使用处理。 （5）报废处理：当采取上述方法后，仍不能满足规定的要求或标准，则必须报废处理

4．隐蔽工程验收

◆在工程具备隐蔽条件时，施工单位进行自检，并在隐蔽前 48h 以书面形式通知建设单位（监理单位）或工程质量监督、检验单位进行验收。

直击考点　此处内容在 2020 年考查了案例分析判断题，需要注意"48h"这个时间规定。

◆通知内容包括：隐蔽验收的内容、隐蔽方式、验收时间和地点等。

直击考点　此处内容在 2018、2020 年考查了案例简答题：隐蔽工程验收通知内容有哪些？

【考点 3】施工质量统计的分析方法及应用（☆☆☆☆）[15、16、17、20 年案例]

1．排列图法（案例题考点，学习知识点，要求达到会计算累计频率，归纳 A、B、C 类因素。）

◆排列图是根据"关键的少数和次要的多数"的原理而制作的，也就是将影响产品质量的众多影响因素按其对质量影响程度的大小，用直方图形顺序排列，从而找出主要因素。

◆结构是由两个纵坐标和一个横坐标、若干个直方形和一条折线构成。左侧纵坐标表示不合格品出现的频数（出现次数或金额等），右侧纵坐标表示不合格品出现的累计频率（如百分比表示），横坐标表示影响质量的各种因素，按影响大小顺序排列，直方形高度表示相应因素的影响程度（即出现频率为多少），折线表示累计频率（也称帕累托曲线）。

◆通常累计百分比将影响因素分为三类：占 0% ~ 80% 为 A 类因素，也就是主要因素；80% ~ 90% 为 B 类因素，是次要因素；90% ~ 100% 为 C 类因素，即一般因素。由于 A 类因素占存在问题的 80%，此类因素解决了，质量问题大部分就得到了解决。

直击考点　此处内容在近几年考试中考查过的案例题型：

（1）在 2016 年案例三第 2 问：将统计表中不合格的垫铁组按累计频率划分为 A 类、B 类、C 类。

（2）在 2017 年案例五第 2 问：根据质量员的统计表，按排列图法，将底漆质量分别归纳为 A 类因素、B 类因素和 C 类因素。

（3）在 2020 年案例五第 3 问：影响富氧底吹炉砌筑的主要质量问题有哪几个？累计频率是多少？

2．因果分析图法

◆因果分析图也称石川图、鱼刺图、特性要因图，它表示质量特性波动与其潜在（隐含）原因的关系，即表达和分析原因关系的一种图表。

◆因果分析图应用步骤：（1）确定需要解决的质量问题（质量结果）；（2）确定问题中影响质量原因的分类方法（第一层面的原因：人、机、料、法、环）；（3）用箭线从左向右画出主干线，在右边画出"结果（问题）"矩形框；（4）在左侧把各类主要原因（第一层原因）的矩形框用 60° 斜箭线（支干线）连向主干线；（5）寻找下一个层次的原因（第二层原因）画在相应的支干线上；（6）继续逐层展开画出分支线（第三层面的原因）；（7）从最高层次（最末一层）的原因中找出对结果影响较大的原因（3 ~ 5 个），做进一步分析研究；（8）最后制定对策表。

直击考点　（1）该知识点属于案例题考点，学习知识点，要求达到会分析、会画图。
（2）此处内容在 2009 年考查了绘图题；在 2015 年考查了案例简答题：项目部制定的对策表一般包括哪些内容；在 2020 年考查了案例简答题：找到质量问题的主要原因之后要做什么工作。

【考点 4】施工质量问题和事故的划分及处理（☆☆☆☆☆）[多选，17、20 年案例]

1. 质量事故报告制度

◆发生施工质量事故后，事故现场有关人员应当立即向工程建设单位负责人报告。
◆工程建设单位负责人接到报告后，应于 1h 内向事故发生地县级以上人民政府住房和城乡建设主管部门及有关部门报告。
◆情况紧急时，事故现场有关人员可直接向事故发生地县级以上人民政府住房和城乡建设主管部门报告。

2. 施工质量问题的调查处理

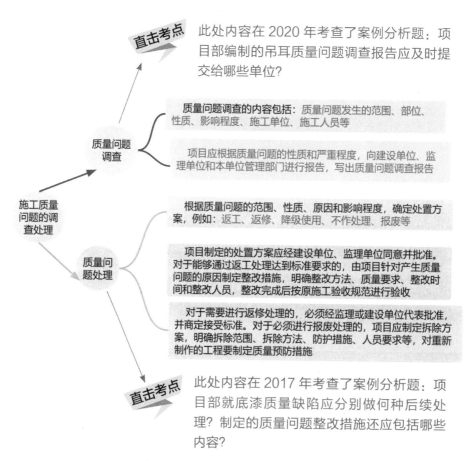

图 1H420120-2　施工质量问题的调查处理

1H420130 机电工程试运行管理

【考点1】试运行的组织和应具备的条件（☆☆☆）[14、19年案例]

1. 试运行的分工内容及职责分工

试运行的分工内容及职责分工 　　　　　表 1H420130-1

单位　　　工作内容	建设/生产	设计	监理	总承包/施工
水、电、油等物资供应	★			
单体试运行	○	○	○	★
联动试运行	★	○	○	○
负荷试运行	★	○	○	○

注："★"表示负责组织实施，"○"表示参与配合实施。

 此处内容属于案例题考点，下面看一下近几年考查过的案例题型：

（1）2009年考了案例分析判断并改正的题型：按照联动试运行原则分工，指出设计单位编制联动试运行方案，施工单位组织实施联动试运行的不妥之处，并阐述正确的做法。

（2）2014年考查了案例简答题：单机和联动试运行分别应由哪个单位组织？

（3）2018年考查了案例简答题：本工程在联动试运行中需要与哪些专业系统配合协调？

（4）2019年考查了案例补充题：联动试验除A公司外，还应有哪些单位参加？

2. 试运行前应具备的条件

◆中间验收合格。
◆资源条件满足。
◆技术组织工作已完成。

 口诀　助记　中集资

 （1）通用条件小结，仅供参考、记忆，在回答案例问题时还是应根据教材内容及背景去做补充。

（2）此处内容属于案例题考点，2010年考查了案例简答题：泵系统试运行前应具备的条件有哪些？

3. 试运行前应完成的主要工作

◆施工质量验收合格；相关资料及文件齐全，手续完备；试运行方案已批准，参加试运行人员培训考试合格，持证上岗，掌握操作要领和事故处理方法。

 （1）主要工作重点小结，仅供参考，在回答案例问题时还是应根据背景去做补充。

（2）此处内容属于案例题考点，2009年考查了案例分析题：指出试运行前检查并确认的两条中存在的不足。

【考点 2】单体试运行要求与实施（☆☆☆☆☆）
　　[19、20、22 年单选，18 年多选，14、17、21 年案例]

1. 单体试运行的主要范围及要求（案例题考点）

单体试运行的主要范围及要求　　　　　　表 1H420130-2

项目	内容
主要范围	包括：驱动装置、传动装置或单台动设备（机组）及其辅助系统（如电气系统、润滑系统、液压系统、气动系统、冷却系统、加热系统、监测系统等）和控制系统（如设备启停、换向、速度等自动化仪表就地控制、计算机 PLC 程序远程控制、联锁、报警系统等）安装结束后均要进行单体试运行
要求	单体试运行主要考核单台动设备的机械性能，检验动设备的制造、安装质量和设备性能等是否符合规范和设计要求 **直击考点** 此处内容在 2017 年考查了案例简答题：离心水泵单体试运行的目的何在？

2. 单体试运行前必须具备的条件

　　◆单机试车责任已明确；有关分项工程验收合格；施工过程资料应齐全；资源条件已满足。

（1）条件重点小结，仅供参考，在回答案例问题时还是应根据教材内容及背景去做补充。
　　（2）此处内容为案例题考点，下面看一下近几年考查过的案例题型：
　　①在 2011 年考查了案例简答题：从操作工人出现误操作分析，试运行操作人员应具备哪些基本条件。
　　②在 2014 年考查了案例分析判断题：分别说明专业监理工程师提出的气体压缩机未达到试运行条件的问题是否正确及理由。

3. 单体试运行后应处理的事项（案例题考点）

　　◆切断电源和其他动力源。
　　◆放气、排水、排污和涂油防锈。
　　◆对蓄势器和蓄势腔及机械设备内剩余压力，应泄压。
　　◆空负荷试运转后，应对润滑剂的清洁度进行检查，清洗过滤器；必要时更换新的润滑剂。
　　◆拆除试运行中的临时装置或恢复临时拆卸的设备部件及附属装置。
　　◆清理和清扫现场，将机械设备盖上防护罩。
　　◆整理试运行各项记录。

在 2011 年考查了案例分析题：压缩机由于介质原因未进行单机试运行，在联动试运行前，施工单位应采取哪些措施？

4．压缩机试运行要求

◆空负荷试运行，应检查盘车装置处于压缩机启动所要求的位置；点动压缩机，在检查各部位无异常现象后，依次运转 5min、30min 和 2h 以上，运转中润滑油压不得小于 0.1MPa，曲轴箱或机身内润滑油的温度不应高于 70℃，各运动部件无异常声响，各紧固件无松动。

 此处内容在 2021 年考查了案例分析判断题：压缩机组空负荷试运行是否合格？说明理由。

◆文件无规定，在排气压力为额定压力的 1/4 时应连续运转 1h；排气压力为额定压力的 1/2 和 3/4 时应连续运转 2h；在额定压力下连续运转不应小于 3h。升压运转过程中，应在前一级压力下运转无异常现象后再将压力逐渐升高。在运转过程中润滑油压不得低于 0.1MPa，曲轴箱或机身内润滑油的温度不应高于 70℃，其中氧气压缩机不应高于 60℃。

◆空气负荷单机试运行后，应排除气路和气罐中的剩余压力，清洗油过滤器和更换润滑油，排除进气管及冷凝收集器和气缸及管路中的冷凝液；需检查曲轴箱时，应在停机 15min 后再打开曲轴箱。（选择题考点）

5．泵单机试运行要求

◆离心泵试运行时，机械密封的泄漏量不应大于 5mL/h；高压锅炉给水泵机械密封的泄漏量不应大于 10mL/h；填料密封的泄漏量不应大于规定，且温升应正常，泵的振动值符合规定。

 此处内容在 2017 年考查了案例简答题：离心水泵单体试运行应主要检测哪些项目？

离心泵试运行后，应关闭泵的入口阀门，待泵冷却后再依次关闭附属系统的阀门；输送易结晶、凝固、沉淀等介质的泵，停泵后应防止堵塞，并及时用清水或其他介质冲洗泵和管道；放净泵内积存的液体。（选择题考点）

6．中间交接

中间交接　　　　　　　　　　　　　　　　　　　　　表 1H420130-3

项目	内容
验收组织	（1）承包单位应根据设计文件及有关国家标准规范的要求组织自检自改，在自查合格的基础上，向业主提出中间交接申请。 （2）监理单位组织专业监理工程师对工程进行全面检查，核实是否达到中间交接条件；经检查达到中间交接条件后，总监理工程师在中间交接申请书上签字。 （3）承包方把审查的技术资料和管理文件汇总整理。 （4）业主生产管理部门确认下列情况：工艺、动力管道耐压试验和系统吹扫情况；静设备无损检测、强度试验和清扫情况；确认动设备单机试车情况；确认大型机组试车和联锁保护情况；确认电气、仪表的联校情况，确认装置区临时设施的清理情况。 （5）监理公司核查"三查四定"完成情况。 （6）业主施工管理部门组织施工、监理、设计及项目其他职能部门召开中间交接会议，并分别在中间交接书上签字
中间交接后的保管	中间交接后的单项或装置应由业主或承担试车的合同主体负责保管、使用、维护，但不应解除施工方的施工责任，遗留的施工问题仍由施工方解决，并应按期限完成

此处内容在 2009 年考查了案例分析判断题：已办理中间交接的合金钢管道在联动试运行中发现的质量问题，应由谁承担责任？说明理由。

【考点 3】联动试运行的条件与要求（☆☆☆）[14、18 年案例]

1. 联动试运行的主要范围及目的

主要范围	单台设备（机组）或成套生产线及其辅助设施包括管路系统、电气系统、润滑系统、液压系统、气动系统、冷却系统、加热系统、自动控制系统、联锁系统、报警系统等
目的	主要考核联动机组或整条生产线的电气联锁，检验设备全部性能和制造、安装质量是否符合规范和设计要求

图 1H420130-1　联动试运行的主要范围及目的

此处内容在 2018 年考查了案例简答题：本工程在联动试运行中需要与哪些专业系统配合协调？

2. 联动试运行前必须具备的条件

◆单位工程质量验收合格；单体试运行全部合格；工艺系统试验合格；管理要求已完善；资源条件已满足；准备工作已完成。

条件重点小结，仅供参考，在回答案例问题时还是应根据教材内容及背景去做补充。

【考点 4】负荷试运行的条件与要求（☆☆☆）

1. 负荷试运行前应具备的条件

◆联动试运行已完成；制度和技术文件已完善；资源条件已具备。

条件重点小结，仅供参考，在回答案例问题时还是应根据教材内容及背景去做补充。

2. 负荷试运行应符合的标准

◆生产装置连续运行，生产出合格产品，一次投料负荷试运行成功。
◆负荷试运行的主要控制点正点到达。
◆不发生重大设备、操作、人身事故，不发生火灾和爆炸事故。
◆环保设施做到"三同时"，不污染环境。
◆负荷试运行不得超过试车预算，经济效益好。

此处内容在 2011 年考查了案例简答题：负荷试运行应达到的标准有哪些？

1H420140 机电工程竣工验收管理

【考点 1】竣工验收的分类和依据（ ☆☆☆ ）[15、20 年案例]

 本考点为非重点内容，适当记忆。

1. 工程专项验收

◆主要包括规划、消防、环保、绿化、市容、交通、水务、人防、卫生防疫、交警、防雷、节能等专项验收。

2. 竣工验收的依据

◆国家、中央各行业主管部门以及当地行业主管部门颁发的有关法律、法规；施工质量验收规范、规程、质量验收评定标准；环境保护、消防、节能、抗震等有关规定。
◆上级主管部门批准的可行性研究报告、初步设计、调整概算及其他有关设计文件。
◆施工图纸、设备技术资料、设计说明书、设计变更单及有关技术文件。
◆工程建设项目的勘察、设计、施工、监理以及重要设备、材料招标投标文件及其合同。
◆引进或进口和合资的相关文件资料。

 此处内容在 2020 年考查了案例分析题、案例简答题：变电所工程是否可以单独验收？试运行验收中发生的问题，A 公司可提供哪些施工文件来证明不是安装质量问题？

【考点 2】竣工验收的组织与程序（ ☆☆☆ ）[20、21 年单选，21 年案例]

 本考点为非重点内容，适当记忆。

1. 建设项目竣工验收程序

建设项目竣工验收程序　　　　　　　　　　　表 1H420140-1

项目	内容
验收准备	主要工作：（1）核实建安工程，抓紧工程收尾。（2）复查工程质量，限定修复时间。（3）做好专项验收。（4）落实生产准备工作，提出试车调试检查情况报告。（5）整理汇总档案资料，全部立案归档。（6）编制竣工决算。（7）编写竣工验收报告、备妥验收证书
预验收	对于工程规模和技术复杂程度大的项目，在验收准备工作基本就绪后，可由上级主管部门或项目建设单位会同施工、设计、监理、使用单位及有关部门组成预验收组，进行一次预验收
正式验收	主要工作：提出验收申请报告；竣工验收（汇报项目建设工作、审议竣工验收报告、审查工程档案资料、查验工程质量、审查生产准备、核定遗留尾工、移交工程清单、审核竣工决算、做出全面评价结论、竣工验收会议纪要）

2．竣工资料的移交

◆各有关单位（包括设计、施工、监理单位）应在工程准备开始阶段就建立起工程技术档案，汇集整理有关资料，把这项工作贯穿于整个施工过程，直到工程竣工验收结束。资料由建设单位分类立卷，在竣工验收时移交给生产使用单位统一保管。
◆凡是列入技术档案的技术文件、资料，都必须经有关技术负责人正式审定。

3．施工项目竣工验收的阶段

施工项目竣工验收的阶段　　　　　　　　　　　　　　　　表 1H420140-2

阶段	内容
竣工预验收	（1）参加竣工预验的人员，应由项目经理组织生产、技术、质量、合同、预算及有关施工人员等共同参加。 （2）进行竣工预验的复验：施工单位在自我检查整改的基础上，由项目经理提请上级单位进行复验，为正式验收做好准备
正式竣工验收	施工单位向建设单位送交验收申请报告，建设单位收到验收报告后，应根据工程施工合同、验收标准进行审查，确认工程全部符合竣工验收标准，具备了交付使用的条件后，应由建设单位组织，设计、监理及施工单位共同对工程项目进行正式竣工验收

【考点3】竣工验收的要求与实施（☆☆☆）[20年案例]

 本考点为非重点内容，适当记忆。

1．专项验收的一般规定

◆建设工程项目的消防设施、安全设施及环境保护设施应与主体工程同时设计、同时施工、同时投入生产和使用。
◆建设单位应向政府有关行政主管部门申请建设工程项目的专项验收，包括规划、消防、节能、环保、卫生、防雷、人防、绿化等。
◆消防验收应在建设工程项目投入试生产前完成。
◆安全设施验收及环境保护验收应在建设工程项目试生产阶段完成。

 此处内容在2020年考查了案例简答题：建设工程项目投入试生产前和试生产阶段应完成哪些专项验收？

2. 建设单位办理竣工备案应当提交的文件

◆工程竣工验收备案表。
◆工程竣工验收报告。
◆法律、行政法规规定应当由规划、环保等部门出具的认可文件或者准许使用文件。
◆法律规定应当由住房和城乡建设部消防设计审查验收主管部门对特殊建设工程验收合格的证明文件。
◆施工单位签署的工程质量保修书。
◆法律法规规定的必须提供的其他文件。

1H420150 机电工程保修与回访管理

【考点1】工程保修的职责与程序（☆☆☆☆☆）[17、19年单选，13、17、18年案例]

 本考点为非重点内容，适当记忆。

1. 工程保修的责任范围

◆按照《建设工程质量管理条例》的规定，建设工程在保修范围和保修期限内发生质量问题时，施工单位应当履行保修义务，并对造成的损失承担施工方责任的赔偿。总承包单位依法将建设工程分包给其他单位的，分包单位应当按照分包合同的约定对其分包工程的质量向总承包单位负责，总承包单位与分包单位对分包工程的质量承担连带责任。
◆质量问题确实是由于施工单位的施工责任或施工质量不良造成的，施工单位负责修理并承担修理费用。
◆质量问题是由双方的责任造成的，应协商解决，商定各自的经济责任，由施工单位负责修理。
◆质量问题是由于建设单位提供的设备、材料等质量不良造成的，应由建设单位承担修理费用，施工单位协助修理。
◆质量问题发生是因建设单位（用户）责任，修理费用或者重建费用由设单位负担。
◆涉外工程的修理按合同规定执行，经济责任按以上原则处理。

小结： 责任方承担费用，施工单位负责修理，找不到责任人的就找业主负责。

 （1）此处内容在2013年考查了案例分析题：分别指出保修期间出现的质量问题应如何解决？
（2）此处内容在2018年考查了案例分析题：说明建设单位否定施工单位拒绝阀门维修的理由。

2. 工程保修期限（在考查案例题时，不会要求直接写出，一般会纠错）

◆根据《建设工程质量管理条例》的规定，建设工程中安装工程在正常使用条件下的最低保修期限为：建设工程的保修期自竣工验收合格之日起计算；电气管线、给水排水管道、设备安装工程保修为 2 年；供热和供冷系统为 2 个供暖期、供冷期；其他项目的保修期由发包单位与承包单位约定。

◆根据《建设工程质量管理条例》的规定，建设工程的保修期应从竣工验收合格之日起开始计算；在建设工程未经竣工验收的情况下，发包人擅自使用的，以建设工程转移占有之日为竣工日期。

 此处内容在 2017 年考查了案例简答题：该工程的保修期从何日起算？

 （1）可以这样出选择题：根据《建设工程质量管理条例》，建设工程在正常使用条件下，最低保修期限要求的说法，错误的是（　　）。
（2）需熟悉的法规：《建设工程质量管理条例》。

3. 工程保修程序

◆工程检查修理；工程保修验收。

 此处内容在 2017 年考查了案例简答题：写出工程保修的工作程序。

【考点 2】工程回访计划与实施（☆☆☆）

 本考点为非重点内容，适当记忆。

工程回访的方式：

◆季节性回访。冬季回访：如冬季回访锅炉房及供暖系统运行情况。夏季回访：如夏季回访通风空调制冷系统运行情况。
◆技术性回访。
◆保修期满前的回访、信息传递的方式回访、座谈会方式回访、巡回式回访。

 此处内容可以这样考查：维修完成后应进行什么性质的回访。

1H430000 机电工程项目施工相关法规与标准

1H431000 机电工程项目施工相关法规

1H431010 计量的法律规定

【考点1】计量器具的使用管理规定（☆☆☆）[13、19年单选，21年多选]

 本考点在近几年的考试中分值不高，保重点部分即可。

1. 计量器具

计量器具　　　　　　　　　　　　　　　　　　表 1H431010-1

项目	内容
计量器具的分类	（1）计量基准器具：国家计量基准器具，用以复现和保存计量单位量值，经国务院计量行政部门批准作为统一全国量值最高依据的计量器具。 （2）计量标准器具：准确度低于计量基准的、用于检定其他计量标准或工作计量器具的计量器具。 （3）工作计量器具：企业、事业单位进行计量工作时应用的计量器具
衡量计量器具的指标	衡量计量器具质量和水平的主要指标是它的准确度等级、灵敏度、鉴别率（分辨率）、稳定度、超然性以及动态特性等

 一般考查选择题，直接记忆，无需深究。

2. 计量器具的使用管理的规定

◆任何单位和个人不准在工作岗位上使用无检定合格印、证或者超过检定周期以及经检定不合格的计量器具。

◆检测器具的测量极限误差必须小于或等于被测对象所能允许的测量极限误差，必须具有技术鉴定书或产品合格证书。

◆计量器具应有明显的"合格""禁用""封存"等状态标识。

合格：经周检或一次性检定能满足质量检测、检验和试验要求的精度。

禁用：经检定不合格或使用中严重损坏、缺损的。

封存：根据使用频率及生产经营情况，暂停使用的。封存的计量器具重新启用时，必须经检定合格后，方可使用。

◆使用计量器具前，应检查其状态标识。若不在检定周期内、检定标识不清或封存的，视为不合格的计量器具，不得使用。

◆计量器具应分类存放、标识清楚。

【考点2】计量检定的相关规定（☆☆☆☆）[14、15、20 年单选，22 年多选]

1. 计量检定的分类（选择题考点）

计量检定的分类　　　　　　　　　　　　　　　　表 1H431010-2

项目	内容
按检定的目的和性质分类 口助诀记　中彩守候期	首次检定：对未曾检定过的新计量器具进行的第一次检定 后续检定：计量器具首次检定后的检定，包括强制性周期检定、修理后检定、有效期内的检定。 使用中检定：控制计量器具使用状态的检定。 周期检定：按规定的时间间隔和程序进行的后续检定。 仲裁检定：以裁决为目的的计量检定、测试活动
按检定的必要程序和我国依法管理的形式分类	强制检定：施工企业使用实行强制检定的计量器具，应当向当地县（市）级人民政府计量行政部门指定的计量检定机构申请周期检定。强制检定属于法制检定。 非强制检定

2. 计量器具管理（选择题考点）

计量器具管理　　　　　　　　　　　　　　　　表 1H431010-3

项目	内容
A 类计量器具	一级平晶、水平仪检具、千分表检具、兆欧表、接地电阻测量仪；列入国家强制检定目录的工作计量器具
B 类计量器具	卡尺、塞尺、百分表、焊接检验尺、5m 以上卷尺、温度计、压力表、万用表等
C 类计量器具	钢直尺、木尺、样板等
编制计量器具配备计划	工程开工前，项目部应根据项目质量计划、施工组织设计、施工方案对检测设备的精度要求和生产需要，编制"计量器具配备计划"

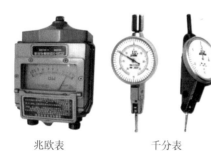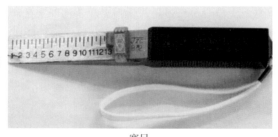

兆欧表　　　　　　千分表　　　　　　　　塞尺　　　　　　　　钢直尺

图 1H431010-1　计量器具

1H431020 建设用电及施工的法律规定

【考点1】工程建设用电规定（☆☆☆☆☆）
　　　　　　[14、17、18、19年单选，21、22年多选，16、18年案例]

1. 工程建设用电申请的基本规定

 此处内容在2016年考查了案例分析题：供电部门为何制止A公司自行解决用电问题？指出A公司使用自备电源的正确做法。

工程建设用电申请资料
建设工程申请用电时，应向供电企业提供用电工程项目批准的文件及有关的用电资料，主要包括：用电地点、电力用途、用电性质、用电设备清单、用电负荷、保安电力、用电规划等

变更供用电合同
对于减少合同约定的用电容量、临时更换大容量变压器、用户暂停、用户暂换、用户迁址、用户移表、用户更名或过户、用户分户和并户、用户销户和改变用电类别等用户变更用电

工程建设用电办理手续
为防止工程项目施工使用的自备电源误入市政电网，施工单位在使用前要告知供电部门并征得同意

图 1H431020-1　工程建设用电申请的基本规定

2. 供用电协议（合同）应当具备的内容（选择题考点）

◆供电方式、供电质量和供电时间。
◆用电容量和用电地址、用电性质。
◆计量方式和电价、电费结算方式。
◆供用电设施维护责任的划分；协议（合同）的有效期限。
◆违约责任，以及双方共同认为应当约定的其他条款。

3. 工程建设临时用电施工组织设计的编制

◆临时用电通常根据用电设备总容量的不同，应编制安全用电技术措施和电气防火措施，或临时用电施工组织设计。
◆临时用电施工组织设计主要内容应包括：工程概况、编制依据、用电施工管理组织机构、配电装置安装、防雷接地安装、线路敷设等施工内容的技术要求、安全用电及防火措施。

 此处内容可以考查选择题，可以考查案例题。考查案例分析题：计划调整后，为什么要编制临时用电施工组织设计？

4．工程建设临时用电的检查（选择题考点）

◆临时用电工程必须由持证电工施工。
◆临时用电工程检查内容包括：架空线路、电缆线路、室内配线、照明装置、配电室与自备电源、各种配电箱及开关箱、配电线路、变压器、电气设备安装、电气设备调试、接地与防雷、电气防护等。
◆临时用电工程应定期检查：施工现场每月一次，基层公司每季一次。基层公司检查时，应复测接地电阻值。
◆临时用电安全技术档案应由主管现场的电气技术人员建立与管理。

5．工程建设用电计量的规定

工程建设用电计量的规定　　　　　　　　　表 1H431020-1

项目	内容
用电计量装置及其相关规定	用电计量装置的量值指示是电费结算的主要依据，依照有关法规规定该装置属强制检定范畴，由省级计量行政主管部门依法授权的检定机构进行检定合格，方为有效 **直击考点** 此处内容在 2018 年考查了案例分析题：检定合格的电能表为什么不能使用？ 计量装置的设计应征得当地供电部门认可，安装完毕应由供电部门检查确认
用电计量装置安装位置的原则	用电计量装置原则上应装在供电设施的产权分界处 专线供电的高压用户—供电变压器输出端装表计量。 公用线路供电的高压用户—用户受电装置的低压侧计量
临时用电安装用电计量装置的要求	临时用电的施工单位，只要有条件就应安装用电计量装置。对不具备安装条件的，可按其用电容量、使用时间、规定的电价计收电费

6．施工用电的安全规定（选择题考点）

施工用电的安全规定　　　　　　　　　　表 1H431020-2

施工单位安全用电行为规定	施工单位安全用电事故报告规定（发生下列事故的，施工单位应及时向供电部门报告）
（1）不得擅自改变用电类别	（1）施工过程中出现人身触电死亡
（2）不得擅自超过合同约定的容量用电	（2）导致电力系统停电
（3）不得擅自超过计划分配的用电指标	（3）专线掉闸或全厂停电
（4）不得擅自使用已办理暂停使用和被查封的电力设备	（4）电气火灾
（5）不得擅自迁移、改动或者操作供电企业在用户的受电设备	（5）重要或大型电气设备损坏
（6）不得擅自引入、供出电源或者将自备电源擅自并网	（6）停电期间向电力系统倒送电

【考点2】电力设施保护区内施工作业的规定（☆☆☆☆☆）
　　　　［15、20 年单选，多选，案例］

1. 不同电压等级架空电力线路保护距离表（选择题考点）

不同电压等级架空电力线路保护距离表		表 1H431020-3
序号	架空电力线路电压等级	外侧水平延伸距离
1	1 ~ 10kV	5m
2	35 ~ 110kV	10m
3	154 ~ 330kV	15m
4	500kV	20m

电压从小到大，距离依次增加 5m

注意： 各级电压导线边缘延伸的距离，不应当小于该导线边线在最大计算弧垂及最大计算风偏后的水平距离，以及风偏后导线边线距建筑物的安全距离之和。

此处可以这样考查：××kV 架空电力线路保护区范围是导线边缘向外侧延伸的距离为（　　　）m。

2. 保护区内取土规定

◆各电压等级的杆塔周围禁止取土的范围是：35kV、110 ~ 220kV、330 ~ 500kV 的范围分别为 4m、5m、8m。
◆取土坡度：一般不得大于45°。

1H431030 特种设备的法律规定

【考点1】特种设备的范围与分类（☆☆☆）［21 年多选，22 年案例］

1. 特种设备的范围

◆《中华人民共和国特种设备安全法》规定的特种设备,是指对人身和财产安全有较大危险性的锅炉、压力容器（含气瓶）、压力管道、电梯、起重机械、客运索道、大型游乐设施、场（厂）内专用机动车辆。

2．特种设备的分类（选择题考点）

特种设备的分类　　　　　　　　　　　　　　　　　　　　　表 1H431030-1

特种设备	范围
锅炉	设计正常水位容积大于或者等于 30L，且额定蒸汽压力大于或者等于 0.1MPa（表压）的承压蒸汽锅炉；出口水压大于或者等于 0.1MPa（表压），且额定功率大于或者等于 0.1MW 的承压热水锅炉；额定功率大于或者等于 0.1MW 的有机热载体锅炉 **直击考点➡** 此处内容在 2022 年考查了案例分析题：监理工程师要求蒸汽发生器也按特种设备的要求办理施工告知是否合理？说明理由。
压力容器	最高工作压力大于或者等于 0.1MPa（表压）的气体、液化气体和最高工作温度高于或者等于标准沸点的液体、容积大于或者等于 30L 且内直径（非圆形截面指截面内边界最大几何尺寸）大于或者等于 150mm 的固定式容器和移动式容器；盛装公称工作压力大于或者等于 0.2MPa（表压），且压力与容积的乘积大于或者等于 1.0MPa·L 的气体、液化气体和标准沸点等于或者低于 60℃ 液体的气瓶；氧舱
压力管道	最高工作压力大于或者等于 0.1MPa（表压），介质为气体、液化气体、蒸汽或者可燃、易爆、有毒、有腐蚀性、最高工作温度高于或者等于标准沸点的液体，且公称直径大于或者等于 50mm 的管道。公称直径小于 150mm，且其最高工作压力小于 1.6MPa（表压）的输送无毒、不可燃、无腐蚀性气体的管道和设备本体所属管道除外
电梯	包括载人（货）电梯、自动扶梯、自动人行道等。非公共场所安装且仅供单一家庭使用的电梯除外
起重机械	额定起重量大于或者等于 0.5t 的升降机；额定起重量大于或者等于 3t（或额定起重力矩大于或者等于 40t·m 的塔式起重机，或生产率大于或者等于 300t/h 的装卸桥），且提升高度大于或者等于 2m 的起重机；层数大于或者等于 2 层的机械式停车设备

【考点2】特种设备制造、安装、改造的许可制度（☆☆☆）
［18、20 年单选，22 年多选，18、22 年案例］

1．压力管道设计、安装许可参数级别（可以考查选择题、案例分析题）

压力管道设计、安装许可参数级别　　　　　　　　　　　表 1H431030-2

项目	许可范围	备注
GA1	1. 设计压力大于或者等于 4.0MPa（表压，下同）的长输输气管道。 2. 设计压力大于或者等于 6.3MPa 的长输输油	GA1 级覆盖 GA2 级
GA2	GA1 级以外的长输管道	
GB1	燃气管道	
GB2	热力管道	

续表

项目	许可范围	备注
GC1	1.输送《危险化学品目录》中规定的毒性程度为急性毒性类别1介质、急性毒性类别2气体介质和工作温度高于其标准沸点的急性毒性类别2液体介质的工艺管道。 2.输送《石油化工企业设计防火标准》GB 50160—2008（2018年版）、《建筑设计防火规范》GB 50016—2014（2018年版）中规定的火灾危险性为甲、乙类可燃气体或者甲类可燃液体（包括液化烃），并且设计压力大于或者等于4.0MPa的工艺管道。 3.输送流体介质，并且设计压力大于或者等于10.0MPa，或者设计压力大于或者等于4.0MPa且设计温度高于或者等于400℃的工艺管道	GC1、GCD级覆盖GC2级
GC2	1.GC1级以外的工艺管道。 2.制冷管道	
GCD	动力管道	

注：GA1、GA2级压力管道的设计、安装许可由国家市场监督管理总局负责实施，其他级别的压力管道设计、安装许可由国家市场监督管理总局授权省级市场监督管理部门实施或由省级市场监督管理部门实施。

2. 锅炉安装（散装锅炉除外）、修理、改造许可

锅炉安装（散装锅炉除外）、修理、改造许可   表 1H431030-3

项目	许可范围	备注
A	额定出口压力大于2.5MPa的蒸汽和热水锅炉	A级覆盖B级。 A级锅炉安装覆盖GC2、GCD级压力管道安装
B	额定出口压力小于等于2.5MPa的蒸汽和热水锅炉；有机热载体锅炉	B级锅炉安装覆盖GC2级压力管道安装

注：1. A级锅炉制造许可范围还包括锅筒、集箱、蛇形管、膜式壁、锅炉范围内管道及管道元件、鳍片式省煤器，其他承压部件制造在上述制造许可覆盖，不单独进行许可。B级许可范围的锅炉承压部件由持锅炉制造许可证的单位制造，不单独进行许可。
2. 锅炉制造单位可以安装本单位制造的锅炉（散装锅炉除外），锅炉安装单位可以安装与锅炉相连接的压力容器、压力管道（易燃易爆有毒介质除外，不受长度、直径限制）。
3. 锅炉改造和重大修理，应由取得相应级别的锅炉安装资格的单位或锅炉制造资格的单位进行，不单独进行许可。
4. 锅炉（A）许可由国家市场监督管理总局负责实施；锅炉（B）由国家市场监督管理总局授权省级市场监督管理部门或由省级市场监督管理部门负责实施。

3. 特种设备制造、安装、改造单位应当具备的条件（选择题考点）

◆有与制造、安装、改造相适应的专业技术人员。
◆有与制造、安装、改造相适应的设备、设施和工作场所。
◆有健全的质量保证、安全管理和岗位责任等制度。

4．特种设备的开工告知

◆特种设备安装、改造、修理的施工单位应当在施工前将拟进行的特种设备安装、改造、修理情况书面告知直辖市或者设区的市级人民政府负责特种设备安全监督管理的部门后即可施工，告知不属于行政许可。

◆告知方式主要包括：送达、邮寄、传真、电子邮件或网上告知。

◆告知内容：施工单位应填写《特种设备安装改造维修告知单》。施工单位应提供特种设备许可证书复印件（加盖单位公章）。

【考点 3】特种设备的监督检验（☆☆☆☆☆）[15 年单选，多选，案例]

1．实施首次检验的起重机械目录（选择题考点）

实施首次检验的起重机械目录   表 1H431030-4

序号	类别	品种
1	桥式起重机	电动单梁起重机
2	流动式起重机	轮胎起重机
3		履带起重机
4		集装箱正面吊运起重机
5		铁路起重机
6	缆索起重机	—
7	桅杆起重机	—
8	门式起重机	轮胎式集装箱门式起重机
9		轨道式集装箱门式起重机
10		岸边集装箱起重机
11		装卸桥（及卸船机）

2．起重机械定期检验周期

◆塔式起重机、升降机、流动式起重机每年 1 次。

◆轻小型起重设备、桥式起重机、门式起重机、门座起重机、缆索起重机、桅杆起重机、铁路起重机、旋臂式起重机、机械式停车设备每两年 1 次。

◆吊运熔融金属和炽热金属的起重机每年 1 次。

3．起重机械的监督检验

◆起重机械安装（包括新装、移装）、改造、重大修理（统称施工）监督检验（简称"监检"），是指起重机械施工过程中，在施工单位自检合格的基础上，由核准的检验机构对施工过程进行的强制性、验证性检验。

1H432000 机电工程项目施工相关标准

1H432010 工业安装工程施工质量验收统一要求

【考点1】工业安装工程施工质量验收项目的划分（☆☆☆☆）
[17、19 年单选，14 年多选，18 年案例]

1. 工业安装工程的划分（选择题考点）

工业安装工程的划分　　　　　　　　　　　　　表 1H432010-1

项目	内容
设备工程	（1）设备工程分项工程按设备的台（套）或机组划分。 （2）同一个单位工程中的设备安装工程可划分为一个分部工程或若干个子分部工程。 （3）大型、特殊的设备安装工程可单独构成单位（子单位）工程或划分为若干个分部工程，其分项工程可按工序划分
自动化仪表工程	（1）分项工程应按仪表类别和安装试验工序划分。仪表工程按仪表类别和安装工作内容可划分为取源部件安装、仪表盘柜箱安装、仪表设备安装、仪表单台试验、仪表线路安装、仪表管道安装、脱脂、接地、防护等分项工程。主控制室的仪表分部工程可划分为盘柜安装、电源设备安装、仪表线路安装、接地、系统硬件和软件试验等分项工程。 （2）同一个单位工程中的自动化仪表安装工程可划分为一个分部工程或若干个子分部工程
土建工程	（1）检验批可根据施工质量控制和专业验收需要，按设备基础、楼层、施工段或变形缝进行划分。 （2）分部工程的划分应按设备基础类别、建（构）筑物部位或专业确定
炉窑砌筑工程	（1）检验批应按部位、层数、施工段或膨胀缝进行划分。 （2）分项工程应按炉窑结构组成或区段进行划分，分项工程可由一个或若干个检验批组成。 （3）分部工程应按炉窑的座（台）进行划分

2. 工业安装工程质量验收的划分

工业安装工程质量验收的划分　　　　　　　　　　表 1H432010-2

项目	内容
分项工程的划分	按台（套）、机组、类别、材质、用途、介质、系统、工序等进行划分，并应符合各专业分项工程的划分规定
	工业管道工程中，按管道工作介质划分时，氧气管道、煤气管道是易燃、易爆危险介质的管道安装视为主要分项工程
分部（子分部）工程的划分	按专业进行划分，较大的分部工程可划分为若干个子分部工程
	根据工业安装工程的特点，按专业划分为土建、钢结构、设备、管道、电气装置、自动化仪表、防腐蚀、绝热、工业炉砌筑九个分部工程
单位工程的划分	按工业厂房、车间（工号）或区域进行划分

直击考点　此处内容在 2018 年考查了案例简答题：烟囱工程按验收统一标准可划分为哪几个分部工程？

【考点2】工业安装工程分部分项工程质量验收要求（☆☆☆☆☆）

[16、18、20年单选，15、18年多选，14、19、21年案例]

1. 工业安装工程施工质量验收的程序及组织（选择题考点）

验收顺序	工业安装工程施工质量验收应按检验项目（检验批）、分项工程、分部工程、单位工程顺序逐级进行验收
检验项目（检验批）、分项工程验收	应在施工单位自检合格的基础上，由施工单位向建设单位提出报验申请，由建设单位专业工程师（监理工程师）组织施工单位项目专业工程师进行验收，并应填写验收记录
分部工程验收	应在各分项工程验收合格的基础上，由施工单位向建设单位提出报验申请，由建设单位项目负责人（总监理工程师）组织监理、设计、施工等有关单位项目负责人及技术负责人进行验收，并应填写验收记录
单位（子单位）工程验收	应在各分部工程验收合格的基础上，由施工单位向监理（建设）单位提出报验申请，由建设单位项目负责人组织监理、设计、施工单位等项目负责人进行验收，并应填写验收记录

图 1H432010-1　工业安装工程施工质量验收的程序及组织

 此处内容在2014年考查了案例简答题：写出压缩机钢结构厂房工程质量验收合格的规定。

2. 工业安装工程分项工程质量验收（选择题考点）

工业安装工程分项工程质量验收　　　　　　　表 1H432010-3

项目		内容
验收基础		分项工程应在施工单位自检的基础上，由建设单位专业技术负责人（监理工程师）组织施工单位专业技术质量负责人进行验收
分项工程质量验收内容	主控项目	主控项目是指对安全、卫生、环境保护和公众利益，以及对工程质量起决定性作用的检验项目。对于主控项目是要求必须达到的。 主控项目包括的检验内容主要有：重要材料、构件及配件、成品及半成品、设备性能及附件的材质、技术性能等；结构的强度、刚度和稳定性等检验数据、工程性能检测。如管道的焊接材质、压力试验，风管系统的测定，电梯的安全保护及试运行等
	一般项目	一般项目是指除主控项目以外的检验项目。其规定的要求也是应该达到的，只不过对影响安全和使用功能的少数条文可以适当放宽一些要求。这些项目在验收时，绝大多数抽查的处（件）其质量指标都必须达到要求
分项工程质量验收合格的规定		分项工程所含的检验项目均应符合合格质量的规定；分项工程的质量控制资料应齐全
分项工程质量验收记录		应由施工单位质量检验员填写，验收结论由建设（监理）单位填写。填写的主要内容有：检验项目；施工单位检验结果；建设（监理）单位验收结论。结论为"合格"或"不合格"。记录表签字人为施工单位专业技术质量负责人、建设单位专业技术负责人、监理工程师

3. 工业安装工程分部（子分部）工程质量验收

分部（子分部）
工程质量验收合 —— （1）分部（子分部）工程质量验收等级分为"合格"或"不合
格的规定　　　　　格"两个等级。
（2）分部（子分部）工程所含分项工程的质量应全部为合格。
（3）分部（子分部）工程的质量控制资料应齐全

分部（子分 —— （1）分部（子分部）工程质量验收记录的检查评定结论由施工单位
部）工程质量　　　填写。
验收记录　　　　（2）验收结论由建设（监理）单位填写。记录表签字人：建设单位
项目负责人、建设单位项目技术负责人，总监理工程师，施工单位项目负
责人、施工单位项目技术负责人，设计单位项目负责人；年、月、日等。
（3）填写的主要内容：分项工程名称、检验项目数、施工单位检查
评定结论、建设（监理）单位验收结论。结论为"合格"或"不合格"

图 1H432010-2　工业安装工程分部（子分部）工程质量验收

【考点3】工业安装工程单位工程质量验收要求（☆☆☆☆☆）
　　　　　[13年，22年多选，案例]

1. 工业安装工程单位（子单位）工程质量验收合格的规定

◆单位（子单位）工程所含分部工程的质量应全部为合格。
◆单位（子单位）工程的质量控制资料应齐全。

2. 工业安装工程单位（子单位）工程控制资料检查记录

◆相关记录表：施工现场质量管理检查记录；分项工程质量验收记录；分部工程质量验收记录；单位
工程质量验收记录；单位工程质量控制资料检查记录。
◆单位（子单位）工程质量控制资料检查记录表中的资料名称和份数应由施工单位填写。检查意见和
检查人由建设（监理）单位填写。结论应由参加双方共同商定，建设单位填写。记录表签字人：施工
单位项目负责人，建设单位项目负责人（总监理工程师）。

直击考点　此处内容可以这样出题：关于工业安装工程单位工程质量控制资料检查记录表的填写，说法正确
的有（　　）。

1H432020 建筑安装工程施工质量验收统一要求

【考点1】建筑安装工程施工质量验收项目的划分（☆☆☆）
[13、18 年单选，22 年多选]

1. 建筑安装工程质量验收要求（选择题考点）

> ◆工程质量的验收均应在施工单位自行检查评定合格的基础上进行。
> ◆隐蔽工程在隐蔽前施工单位应通知监理（建设）单位进行验收，并应形成验收文件，验收合格方可继续施工。
> ◆对涉及节能、环境保护和主要使用功能的试件、设备及材料，应按规定进行见证取样检测。
> ◆对涉及节能、环境保护和使用功能的重要分部工程应在验收前按规定进行抽样检验。

2. 建筑工程质量验收的划分原则（选择题考点）

> ◆单位工程划分的原则：具备独立施工条件并能形成独立使用功能的建筑物或构筑物为一个单位工程；对于规模较大的单位工程，可将其能形成独立使用功能的部分划分为一个子单位工程。
> ◆分部工程划分的原则：可按专业性质、工程部位确定。
> ◆分项工程划分的原则：可按主要工种、材料、施工工艺、设备类别等进行划分。
> ◆检验批划分的原则：按工程量、楼层、施工段、变形缝等进行划分。

【考点2】建筑安装工程分部分项工程质量验收要求（☆☆☆☆☆）
[16、17、19 年单选，14、21 年多选，18、21 年案例]

1. 建筑安装工程检验批验收要求（选择题考点）

建筑安装工程检验批验收要求 　　　　　　　　　　　　　　　　表 1H432020-1

项目	内容
主控项目	主控项目的要求是必须达到的，是保证安装工程安全和使用功能的重要检验项目，是对安全、节能、环境保护和主要使用功能起决定性作用的检验项目，是确定该检验批主要性能的项目
	主控项目包括的检验内容主要有：重要材料、构件及配件、成品及半成品、设备性能及附件的材质、技术性能等。管道的压力试验、风管系统的漏风量测试、电梯的安全保护及试运行等
一般项目	一般项目指主控项目以外的检验项目，属检验批的检验内容。对工程安全、使用功能、产品的美观都是有较大影响的
	一般项目包括的主要内容有：允许有一定偏差的项目，最多不超过 20% 的检查点可以超过允许偏差值，但不能超过允许值的 150%。对不能确定偏差而又允许出现一定缺陷的项目
	直击考点 此处内容在 2021 年考查了案例分析题。
	一些无法定量而采取定性的项目：管道接口项目、卫生器具给水配件安装项目

2. 建筑安装工程分项工程质量验收合格标准（选择题考点）

◆分项工程质量评定合格的标准：分项工程所含检验批的质量均应验收合格；分项工程所含检验批的质量验收记录应完整。
◆分项工程质量验收记录应由施工单位质量检验员填写，验收结论由建设（监理）单位填写。填写的主要内容：检验项目；施工单位检验结果；建设（监理）单位验收结论。结论为"合格"或"不合格"。记录表签字人为施工单位专业技术质量负责人、建设单位专业技术负责人、专业监理工程师。

3. 建筑安装工程分部（子分部）工程质量验收要求

建筑安装工程分部（子分部）工程质量验收要求 表 1H432020-2

项目	内容
分部（子分部）工程质量验收评定合格的标准（案例简答题）	（1）分部（子分部）工程所含分项工程的质量均应验收合格。 （2）质量控制资料应完整。 （3）建筑安装分部工程中有关安全、节能、环境保护和主要使用功能的抽样检验结果应符合相应规定。 （4）观感质量验收应符合要求
分部（子分部）工程验评的工作程序（选择题考点）	（1）组成分部（子分部）工程的各分项工程施工完毕后，经项目经理或项目技术负责人组织内部验评合格后，填写"分部（子分部）工程验收记录"，项目经理签字后报总监理工程师（建设单位项目负责人）组织验评签认。 （2）分部工程（子分部工程）应由总监理工程师（建设单位项目负责人）组织施工单位的项目负责人和项目技术、质量负责人及有关人员进行验收
分部（子分部）工程质量验收记录（选择题考点）	（1）分部（子分部）工程质量验收记录的检查评定结论由施工单位填写。验收意见由建设（监理）单位填写。记录表签字人；建设单位项目负责人、建设单位项目技术负责人，总监理工程师，施工单位项目负责人、施工单位项目技术负责人，设计单位项目负责人；年、月、日等。 （2）填写的主要内容：分项工程名称、检验批数、施工单位检验评定结论、建设（监理）单位验收意见

【考点 3】建筑安装工程单位工程质量验收要求（☆☆☆）
[18 年单选，15 年多选，20 年案例]

1. 建筑安装工程单位（子单位）工程质量验收评定合格的标准

◆构成单位工程的各分部工程质量均应验收合格。
◆质量控制资料应完整。
◆单位（子单位）工程所含分部工程有关安全、节能、环境保护和主要使用功能的检验资料应完整。
◆主要功能项目的抽查结果应符合相关专业质量验收规范的规定。
◆观感质量验收应符合要求。

2. 建筑安装工程单位（子单位）工程质量验收记录（选择题考点）

建筑安装工程单位（子单位）工程质量验收记录

表 1H432020-3

项目	内容
填写	单位（子单位）工程质量验收记录表中的分部工程和质量控制资料的检查记录应由施工单位填写
验收结论	应由建设（监理）单位填写
记录表盖公章及签字人	建设单位、建设单位项目负责人；监理单位、总监理工程师；施工单位、施工单位项目负责人；设计单位、设计单位项目负责人
填写的主要内容	分部工程验收记录、质量控制资料验收记录
结论	"合格"或"不合格"

3. 建筑安装工程总承包单位、分包单位的责任

◆总承包单位应按承包合同的权利义务对建设单位负责。
◆分包单位对所承担的工程项目质量负责，并应按规定的程序进行自我检查评定，总承包单位应派人参加。
◆验评合格后，分包单位应将工程的有关资料移交给总承包单位，待建设单位组织单位工程质量验收时，总承包、分包单位的有关人员应参加验收。

 此处内容可以这样出题：关于总承包单位与分包单位质量责任的说法，正确的是（　　）。

4. 建筑安装工程质量验收评定为"不合格"时的处理办法

◆经返工重做或更换器具、设备的检验批，应重新进行验收。
◆经有资质的检测单位检测鉴定能够达到设计要求的检验批，应予以验收。
◆经返修或技术处理的分项、分部工程，虽然改变外形尺寸但仍能满足安全及使用功能要求，可按技术处理方案和协商文件的要求予以验收。
◆通过返修或技术处理仍不能满足安全或重要使用功能要求的分部工程、单位(子单位)工程，严禁验收。

 此处内容在 2020 年考查了案例简答题：加固后的风管可按什么文件进行验收？

图书在版编目（CIP）数据

机电工程管理与实务考霸笔记 / 全国一级建造师执
业资格考试考霸笔记编写委员会编写 . —北京：中国城
市出版社，2023.6
（全国一级建造师执业资格考试考霸笔记）
ISBN 978-7-5074-3606-8

Ⅰ.①机… Ⅱ.①全… Ⅲ.①机电工程—工程管理—
资格考试—自学参考资料 Ⅳ.① TH

中国国家版本馆CIP数据核字（2023）第085281号

责任编辑：李笑然
责任校对：李美娜
书籍设计：强　森

全国一级建造师执业资格考试考霸笔记
机电工程管理与实务考霸笔记
全国一级建造师执业资格考试考霸笔记编写委员会　编写

＊

中国建筑工业出版社、中国城市出版社出版、发行（北京海淀三里河路9号）
各地新华书店、建筑书店经销
北京海视强森文化传媒有限公司制版
北京市密东印刷有限公司印刷

＊

开本：880 毫米 ×1230 毫米　1/16　印张：11½　字数：311 千字
2023 年 6 月第一版　2023 年 6 月第一次印刷
定价：**68.00** 元
ISBN 978-7-5074-3606-8
　　　（904610）